新时代"三农"热点技术书系　动物福利养殖技术丛书

牛羊智慧化福利养殖技术

◎ 王梦芝　钟发钢　杨庆勇　等　编著

中国农业科学技术出版社

图书在版编目（CIP）数据

牛羊智慧化福利养殖技术 / 王梦芝等编著 . -- 北京：中国农业科学技术出版社，2024.11
（动物福利养殖技术丛书 / 王梦芝主编）
ISBN 978-7-5116-6580-5

Ⅰ.①牛… Ⅱ.①王… Ⅲ.①肉用羊－饲养管理 Ⅳ.① S826.9

中国国家版本馆 CIP 数据核字（2023）第 241238 号

责任编辑　金迪
责任校对　李向荣
责任印制　姜义伟　王思文

出 版 者	中国农业科学技术出版社
	北京市中关村南大街 12 号　　邮编：100081
电　　话	（010）82106625（编辑室）（010）82109702（发行部）
	（010）82109709（读者服务部）
网　　址	https://castp.caas.cn
经 销 者	各地新华书店
印 刷 者	北京建宏印刷有限公司
开　　本	170 mm×240 mm　1/16
印　　张	9
字　　数	166 千字
版　　次	2024 年 11 月第 1 版　2024 年 11 月第 1 次印刷
定　　价	58.00 元

◀━━ 版权所有·侵权必究 ━━▶

《牛羊智慧化福利养殖技术》
编著人员

主 编 著 王梦芝 扬州大学
钟发钢 新疆农垦科学院
杨庆勇 华中农业大学

副主编著 吴非凡 扬州大学
汪　保 新疆农垦科学院
贡玉清 江苏省畜牧总站

编著人员 李　闯 扬州大学
钱姝含 扬州大学
谢海滨 扬州大学
陈巧庆 扬州大学
范　谦 扬州大学
熊家军 华中农业大学
陈培根 扬州大学
孙一权 扬州大学

前　言

　　牛羊养殖业是中国农业经济的重要组成部分，尤其是在广大的牧区和草原地区，牛羊产业不仅为当地经济发展提供了坚实的支持，还对保障国家肉类供应和提高人民生活水平起到了关键作用。随着全球农业科技的快速发展，智慧化养殖逐渐成为智慧畜牧业的重要组成部分，逐步往集约化、规模化、现代化和智能化的方向发展。牛羊智慧福利化养殖模式的转变不仅是物联网技术的应用，更是人工智能技术的引入以及政策的支持，可以为实现农业现代化和乡村振兴战略的实施贡献更多的力量，提升生产效率、降低成本，改善动物福利，确保可持续发展。

　　随着我国城乡居民生活水平的提高，人们对牛羊肉的消费需求不断增加，智慧福利化养殖系统能够实现产品的全程可追溯，增强消费者对食品安全的信心。随着技术的不断进步，智慧化福利养殖在提高养殖效率、降低成本、保障食品安全以及推动农业可持续发展方面将发挥更加重要的作用，逐渐为广大消费者提供优质的牛羊肉及其他产品。因此智慧福利化养殖在提高生产效率、提升动物福利、降低运营成本等方面具有明显的优势，对推动养殖业的现代化和可持续发展具有重要意义。然而中国牛羊智慧化福利养殖的发展仍面临一些挑战，不仅仅是技术普及的难度，更是基础设施的缺乏和高昂的技术成本及庞大的数据支撑。智慧化福利养殖的推广和应用需要政府、企业和科研机构的共同努力，需要不断加强技术研发、完善政策支持、加大人才培养，才能继续技术创新和应用。综上所述，中国牛羊智慧化福利养殖虽然目前面临着诸多挑战，但前景广阔，通过技术创新、政策扶持以及市场需求的引导，有望在未来实现智慧化、可持续的发展，为国家粮食安全和生态环境保护作出更大的贡献。

为更好地了解智慧福利化养殖状况，推动畜牧养殖产业的高质量发展，编者通过查阅国内外相关文献资料编写本书，系统地阐述了牛羊智慧化福利养殖技术。本书共分为7章，内容包括牛羊个体身份识别技术、牛羊生物行为信息的获取与监测技术、牛羊养殖环境监测与控制技术、牛羊养殖智能装备与信息技术、畜产品加工溯源系统和智慧云台管理系统在畜牧业监管中的应用与展望等内容。本书采取图文并茂的形式、通俗易懂的表述，兼具专业性、实用性与新颖性，可作为牛羊养殖工作者的得力工具书。

本书的出版由"十四五"国家重点研发课题（2023YFD1301705），绵羊遗传改良与健康养殖国家重点实验室重大项目（2021ZD07）和扬州大学出版基金资助。由于作者水平有限，书中疏漏之处在所难免，恳请同行和读者批评指正。

编著者

2024年8月

目 录

第一章 绪 论 ………………………………………………………… 1
第一节 规模化养殖场智慧化技术概况 ……………………………… 1
第二节 智慧化技术应用的基础与条件 ……………………………… 2
第三节 规模化养殖场智慧化技术应用现状 ………………………… 6
第四节 智慧化养殖与动物福利 ……………………………………… 15
第五节 结 语 ………………………………………………………… 18
参考文献 …………………………………………………………………… 18

第二章 牛羊个体身份识别技术 ……………………………………… 23
第一节 传统的个体识别方法 ………………………………………… 23
第二节 无线射频技术（RFID）……………………………………… 28
第三节 非接触式牛羊个体识别技术 ………………………………… 34
参考文献 …………………………………………………………………… 38

第三章 牛羊生物行为信息的获取与监测技术 ……………………… 40
第一节 牛羊行为的监测技术 ………………………………………… 41
第二节 牛羊健康的监测技术 ………………………………………… 47
第三节 穿戴式信息监测设备 ………………………………………… 58
参考文献 …………………………………………………………………… 60

第四章 牛羊养殖环境监测与控制技术 ……………………………… 65
第一节 对环境空气质量的监测控制技术 …………………………… 65
第二节 温度对牛羊的影响及监测控制技术 ………………………… 71
第三节 湿度对牛羊的影响及监测控制技术 ………………………… 74
第四节 光照对牛羊的影响及监测控制技术 ………………………… 77
第五节 牛羊声音的识别监测技术 …………………………………… 79
第六节 牛羊环境调控目前存在的问题 ……………………………… 79

第七节　畜禽环境调控的展望……………………………………………81
　参考文献……………………………………………………………………82

第五章　牛羊养殖智能装备与信息技术……………………………………84
　第一节　相关技术背景……………………………………………………84
　第二节　自动精准饲料配送装备…………………………………………86
　第三节　自动挤奶装备……………………………………………………97
　第四节　粪污清理设施……………………………………………………102
　参考文献……………………………………………………………………107

第六章　畜产品加工溯源系统………………………………………………109
　第一节　畜产品质量监管…………………………………………………109
　第二节　溯源系统…………………………………………………………112
　第三节　溯源技术在畜产品安全管理中的应用现状……………………122
　第四节　溯源系统存在的问题……………………………………………124
　参考文献……………………………………………………………………127

第七章　智慧云台管理系统在畜牧业监管中的应用与展望………………128
　第一节　智慧云台管理系统对畜牧业发展的重要性……………………128
　第二节　智慧云台管理系统在畜牧业发展中的应用实践………………130
　第三节　智慧云台管理系统对畜牧业发展的未来展望…………………131
　参考文献……………………………………………………………………135

第一章

绪 论

第一节 规模化养殖场智慧化技术概况

目前,传统畜牧业存在获得信息不及时、交互性弱、主观性较强等问题,严重阻碍了畜牧业的发展(李文凤等,2021)。规模化养殖场智慧化技术是在传统畜牧业的基础上结合现代信息技术发展而来。智慧化技术通过现代信息技术的运用,可以提高其各个环节的信息化战略发展,实现规模化、智能化养殖和产营一体的产业化链条。人工智能、物联网和互联网技术的飞速发展和普及,共同推动了传统畜禽养殖业发展(陆蓉等,2018)。而我国近年来,畜牧业生产规模不断扩大,规模化养殖场养殖量持续增长,家庭牧场和养殖专业合作社等新型经营主体快速发展,托管代养、订单畜牧业、"互联网+"畜牧业等新型业态大量涌现,养殖方式呈现以规模化、集约化、产业化为主导的特征。

"智慧畜牧业"是指通过利用"互联网+"、大数据技术、云计算、物联网等信息化手段,依托畜牧业生产、屠宰、流通各环节分布的不同传感工具和无线通信网络,应用于畜牧业养殖、动物防疫、动物检疫、畜产品安全监测、病死动物无害化处理、畜禽屠宰管理、动物卫生监督执法、动物疫情应急指挥、动物疫病风险评估、市场监测、畜禽养殖粪污资源化利用等重要环节的先进畜牧业发展模式,能够实现智能感知、智能分析、智能决策、智能预警,让养殖业更精细、更规范、更人性化。智慧化养殖技术主要包括畜禽养殖环境监测控制技术、畜禽个体身份标识技术、畜禽的精准饲喂技术、畜禽行为监测技术以及智慧化平台系统的建设。其中,国内畜禽的个体识别技术已经较为成熟,无线射频识别技术(RFID)不仅可以集成在耳标、项圈中,更有研究者探索研究微型的植入式RFID芯片(孙雨坤等,2019)。

第二节 智慧化技术应用的基础与条件

智慧化技术的发展与应用离不开人工智能、物联网和互联网等技术的飞速发展。国内外学者应用人工智能领域中的专家系统、机器学习、神经网络和模式识别等技术，在养殖设施智能化、动物疾病诊疗、屠宰机器人、肉品生产销售预测、可穿戴采集设备及畜禽产品交易平台等方面取得了诸多研究成果（陈超等，2008；韩宇，2016；陆蓉等，2018）。近年来，我国畜牧业逐渐由散养放牧模式转向于集约化养殖。集约化养殖模式对于养殖场的管理是一个巨大的挑战，包括人工成本、饲料成本和繁殖体系等。为规范规模化养殖场的饲养管理，畜牧业管理者更加倾向于智慧化养殖技术的应用。因此，承担结合高投入、高产出、资金、技术、劳动密集型的设施畜牧业特点，我国设计和建造智慧型设施畜牧业所需的软硬件技术条件已具备，完成智能化畜牧业生产已成为可能（姜芳和曾碧翼，2013）。大数据、人工智能、云计算、物联网、移动互联网等技术在畜牧业中的应用可以提高圈舍环境调控、精准饲喂、动物疫病监测、畜禽产品追溯等智能化水平。

一、肉牛、肉羊养殖规模化发展现状

随着人们生活水平的提高，对食品要求逐渐提高，对肉制品需要逐渐增加。畜产品的消费从 20 世纪 80 年代每年人均 20 kg 上升到 21 世纪 20 年代人均 60 kg。由于牛羊生长周期较长的特点，使其成为消费市场上价格较为昂贵的肉类。我国的牛羊产业经历了漫长的发展，由散养放牧模式逐渐转向规模化的发展。

（一）肉牛养殖

改革开放以来，我国肉牛业发展迅速，取得了一定的生产规模和成就。国家统计局数据显示，2023 年我国牛肉产量 753 万吨，比去年增长 4.8%；牛肉进口增长多，2023 年我国进口牛肉 273.7 万吨，同比增长 1.8%；消费增长少，整体牛肉消费不及预期，难以消耗过剩的供给。总的来说，我国牛的数量约占世界的 11%，本土的肉牛品种大约有 55 种。

我国肉牛养殖发展逐步形成了以市场、龙头企业、基地和养殖农户为一体的产业体系。但是，我国肉牛养殖体系仍然以农户散养为主，散养放牧依

然是农户最为常见的养殖方式，其生产效率较为低。此外，肉牛产业规模化的发展仍然处于一个较为缓慢的阶段，依然存在很多问题，如龙头企业带动能力不足，产业链条不够完善，本地肉牛的繁育体系不够完善，育肥产业还存在短板等。

（二）肉羊养殖

20世纪50年代以前，全球羊产业主要以生产细毛羊为主，以供给纺织加工企业纺织原料。但随着化工合成纤维技术的推广，人工合成纤维成本比天然生产的羊毛更具成本优势。因此，市场降低了对细毛羊的需求，毛用羊产业受到冲击（袁圣钧，2020）。随着毛用产业极速下降，人口快速增加，肉用羊产业发展迅猛。20世纪90年代，全球肉羊产量大幅增加。依据联合国粮食及农业组织统计数据库资料（FAOSTAT，2019），全球肉羊（绵羊+山羊）存栏量由1961年的9.94亿只增加到2017年的22.37亿只，羊肉产量也从1961年的493.03万吨增加到2017年的1535.17万吨。经过多年发展，我国肉羊产业仍然存在一定的问题，集约化程度不高、育种投入力度不够、政府缺乏合理的宏观调控举措、私屠滥宰等行业不规范问题频发、从业人员素质较低、草原退化严重等突出问题（刘辉等，2005）。但是，这意味着我国肉羊产业的发展存在很大的空间。集约化、标准化以及产业化发展是新疆乃至整个中国肉羊产业的发展趋势（袁圣钧，2020），高度的集约化养殖将会为智慧化养殖提供坚实的基础。

二、人工智能

人工智能（Artificial Intelligence，AI），是研究、开发用于模拟、延伸和扩展人类智能的理论、方法、技术及应用的新型科学技术（胡勤，2010）。AI的发展经历了一个漫长的过程，在这个过程中，自然语言通信、图像或图形分析研究、专家知识系统等技术不断开发被利用。在21世纪，AI技术日益成熟，产业化进程加快，为各产业的升级发展提供了有力支撑（陆蓉等，2018）。人工智能技术的快速发展为智慧化畜牧业养殖提供了技术基础。人工智能领域中的专家系统、机器学习、神经网络、模式识别和可穿戴智能设备等技术与畜牧业生产相结合，在国内外已有部分成功案例。Bov Control智能设备科技公司（巴西），不仅提供了智能穿戴设备和在线智能管理系统，而且还构建了交易平台，可显示每头牛的健康信息和历史信息（吴宗权，2014）。

三、物联网

随着移动互联网通信技术、RFID、二维码识别、红外感应器等信息传感技术的发展，物联网技术不断融入人类生活，作用凸显，广泛应用于交通运输、工业、农业、教育、医疗等各个行业。

物联网（Internet of Things）最早是由麻省理工学院 Ashton 教授 1999 年在研究 RFID 时提出的。2003 年，SUN 公司介绍了物联网的工作流程并提出解决方案。国际电信联盟认为：物联网就是通过智能传感器、射频识别、激光扫描仪等信息传感设备和其他基于物–物通信模式（M2M）的短距无线自组织网络，按照约定的协议，把物品与互联网连接起来，进行信息交换和通信，以实现智能化识别、定位、跟踪、监控和管理的一种智能网络（刁海亭，2022）。物联网基础体系架构可以分为三个层次：感知控制层、网络传输层和应用服务层（图1-1）。

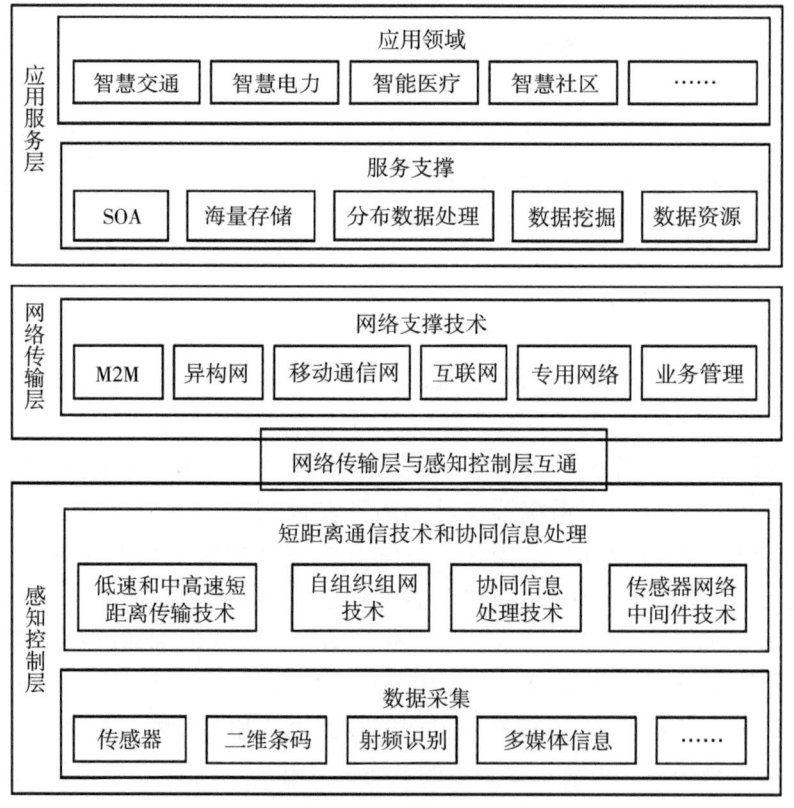

图 1-1　物联网体系框架（刁海亭，2022）

第一章 绪 论

（一）感知控制层

感知控制层主要实现数据智能采集、自动识别和智能控制，是物联网发展的关键环节。感知层在物联网中就像人的感觉器官在人体系统中的作用，用来感知外界环境的温度、湿度、光照、气压等，通过采集这些信息识别物体。感知层涉及的主要技术包括射频识别技术、传感和控制技术、短距离无线通信技术等（刁海亭，2022）。

（二）网络传输层

网络传输层就像人的神经系统在人体系统中的作用，将感知控制层获取的各种信息安全、可靠、高效地传递到应用服务层。网络传输层主要以移动通信网、因特网、卫星网、行业专网等为主，其技术主要是基于通信网和互联网的传输技术，传输方式包括有线传输和无线传输（刁海亭，2022）。

（三）应用服务层

应用服务层根据不同社会需求，为用户提供不同的应用服务。应用服务层主要包括各个具体的业务应用系统，根据各自的功能需求由不同的功能模块构成。物联网把周围世界中的人与物都联系在网络中，应用涉及广泛，包括交通、家居、教育、医疗等方面（刁海亭，2022）。

（四）物联网在畜牧业中应用

物联网技术可以给畜牧业带来深刻的改变，表现在提高生产效率，保障动物健康与福利，如使动物们健康生长需要的空气变洁净、环境变舒适以及有效的健康管理等。通过物联网可以实现畜牧业的科学化管理、信息化服务和全程化追溯，可以有效降低劳动力成本，提升资源利用率和劳动生产率，提高质量、产量，实现从传统劳动密集型生产模式向集约型、智能化生产模式转变，最终提高人民的收入水平和消费者的健康水平（刁海亭，2022）。

1. 畜产品养殖、加工环节

物联网技术在畜禽养殖中的核心价值在于通过可靠、准确的数据监测实现畜禽养殖的全流程监测，降低生产损失。环境监测包括：利用智能传感器，在线采集空气温度、湿度、光照强度、风速等，通过有线或无线传送到信息终端设备，实时掌握养殖场环境信息等。

2. 畜产品运输环节

畜产品运输过程中，存在物流节点间信息不畅，无法实现信息共享等问题。将物联网技术应用到畜产品运输环节，实时监控和跟踪畜产品物流运输全过程，方便物流公司和客户及时了解货物情况。

3. 畜产品销售环节

在畜产品销售环节，结合物联网技术，工作人员和消费者可以清楚了解和掌握产品的相关信息，比如生产地、安全质量等，增加产品的透明度；同时销售过程中由于物联网的使用，使得检验货物也更加方便，减少了拆包验收的传统程序，提高作业效率。

4. 追踪溯源

从养殖地到餐桌，要经过养殖、仓储运输、烹饪加工、销售等环节。要让整个流程做到可追溯，保障畜产品安全，同样离不开物联网。比如冷链物流环节，物联网不仅能够对车辆实时定位，掌握畜产品的位置，还可以对畜产品状态进行监控，确保其在运输中能被有效管理；电子耳标技术在动物饲养过程中的应用也日益广泛，使用RFID耳标，能快速有效查询畜产品的免疫、品种、来源、健康状况以及饲养、生长情况等，从饲养到屠宰销售，实现全程检疫跟进，开展畜产品的来源追踪等（郭世栋等，2014；杨飞云等，2019）。许多单位和机构都研究将物联网技术应用在畜牧业的各个环节，实现了畜牧业的科学化管理、信息化服务和全程化追溯，增加了监管的透明度，最终促进了畜牧业的发展。如天津农学院完成的基于物联网的畜牧智能化精准养殖系统中研究了基于物联网的种猪环境实时监测技术、基于物联网的蛋鸡生产过程智能监控及生长环境实时监测技术（余秋冬等，2017）；玉屏温氏畜牧有限公司利用物联网技术，建立"猪舍＋智慧畜牧"的生产管理方式，实时监测与科学控制养殖环境，通过对养殖环境和猪只生长状况信息的智能感知和处理，实现智能环控、猪只日增重、互联网＋环保等精细化养殖管理（张军，2021）。

第三节　规模化养殖场智慧化技术应用现状

随着养殖场规模化的发展，人工智能、物联网等技术迅速发展，养殖场的管理人员越来越趋向于智慧化的养殖模式。智慧化技术逐渐应用到羊场的育种、饲养、运输、疫病监控等方面（郭世栋等，2014；王玲等，2014；张军，2021）。智慧化养殖技术具有降低人工成本、精确养殖、实时监控畜禽的健康状态等优点（余丽生和沈颖，2021）。在此，就牛羊养殖场信息监测系统和信息管理系统进行介绍。

一、个体身份标识技术

射频识别是一种被动形式的自动识别，不需要自供电（Rossing，1999；Roberts，2006）。为了使 RFID 标签传输信息，标签必须位于外部电源（读取站）附近，该电源会检测（询问）然后存储信息。Rossing（1999）描述了 RFID 标签的三种不同物理形式：耳标、通过口服给药的网状药丸和可注射的玻璃标签。当前的行业实践提倡使用 RFID 耳标。RFID 耳标体积小、重量轻，并以与传统耳标相同的方式附着在动物身上。每个 RFID 耳标都可以唯一地印上一个数字，因此库存人员可以手动或通过读取面板或手持（移动）棒以电子方式读取它。在某些情况下，生产商可能会要求视觉标记不同于电子读取的标记。在这种情况下，视觉标签需要根据相应的 RFID 标签进行记录，这样任何一种形式的识别都可以用于每只动物。RFID 耳标适用于大多数广泛的牲畜物种，与其他 RFID 设备相比，它的应用可能侵入性较小。高效农场管理的一个重要要求是准确识别动物。然而，Eradus 和 Jansen（1999）得出结论，仅将 RFID 技术应用于畜牧生产中的动物识别，不会提高利润，但将捕获生物特征数据的监控系统与识别系统相结合，然后用于差异化管理或目标市场可以提高利润。这为记录每只动物的表现奠定了基础，从而提高了管理效率。此外，Samad 等（2010）展示了这些变量（即动物识别和性能数据）的自动记录，协助基于生产、健康和生育能力的决策。此外，自动记录减少了与记录过程相关的错误，通过消除手动读取标签和视力不佳、信息源之间的多次传输以及手动输入信息的需要，这些都可能导致人为错误。这还通过减少记录相同数量动物的时间来降低与记录过程相关的成本，从而减少劳动力的使用。

二、个体生物信息识别

（一）羊信息识别系统

对于情绪的识别现已有母羊声音信号处理与识别系统和绵羊面部表情检测系统。张彩霞等（2013）以 LabVIEW 2010 软件为基础设计的母羊声音信号处理与识别系统，可实现对于母羊声音信号的采集、处理、特征值提取、数据库存储，实时地识别出羊只的情绪状态，并具备利用 Ace 2007 建立相关特征值数据库的功能。母羊声音的信号处理和识别系统框架结构如图 1-2 所示。该系统以NI公司的LabVIEW 2010软件为开发平台，主要由数据库操作、录入模式、识别模式和参数设置4部分组成。

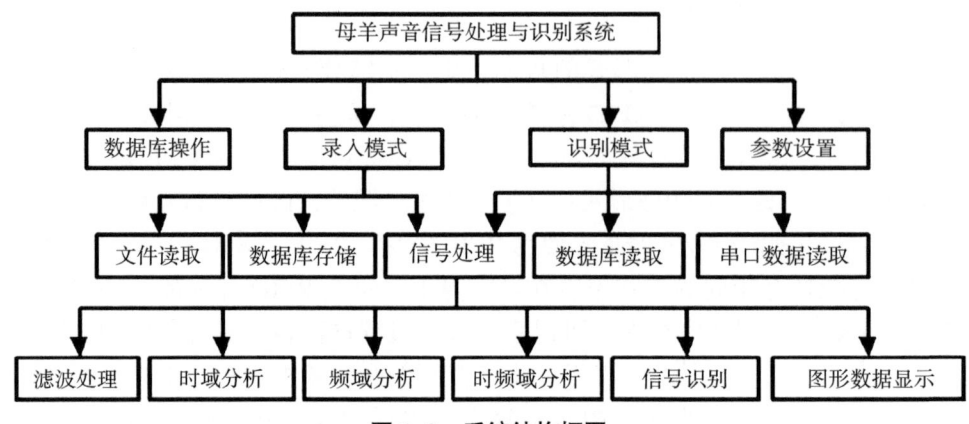

图1-2　系统结构框图

（二）牛信息识别系统

牛的鉴定对于繁育协会注册、食品质量追踪、疾病防控和防止假冒保险理赔至关重要。由于盗窃、欺诈和重复，传统的非生物识别方法在提供可靠性方面并不能真正令人满意。传统牛的识别方法是在牛耳朵上佩戴基于射频识别技术得到电子标签，不仅对牛体会造成严重的危害，而且存在人工成本较高、耳标掉标和损坏、人为造假换标等问题（Williams et al., 2019, Kumar et al., 2020）。随着科学技术的进步，深度学习技术逐渐应用于视觉图像处理领域，因此基于深度学习的牛脸识别算法受到广泛关注。Weng等（2022）提出了一种基于双分支卷积神经网络（Two-branch, TB）的牛脸识别方法TB-CNN，该方法通过将从不同角度捕捉的牛脸图像输入一个双通道网络中进行特征提取，并对这两个通道的特征进行有效融合，从而显著提高了牛脸识别的准确度。Li等（2022）设计了一个包含六个卷积层的轻量级网络，有效减少计算资源需求，同时保持了高识别准确率，特别适合嵌入式系统中部署使用。Xu等（2022）提出了一种新型人脸识别框架，该框架将轻量级RetinaFace-mobilenet与加性角边际损失（ArcFace）相结合，即CattleFaceNet。RetinaFace-mobilenet专为人脸检测和定位而设计，采用ArcFace来加强课堂内的紧凑性和训练过程中的课堂间差异。在真实场景数据集上的实验证明，与RetinaNet相比，RetinaFace-mobilenet取得了卓越的检测性能，并显著加快了计算时间。同时比较了人脸识别结合RetinaFace-mobilenet的3种损失函数,结果表明所提出的 CattleFaceNet 在识别准确率为 91.3%,处理时间为每秒 24 帧(FPS)时,性能优于其他函数。以上这些研究主要是针对在特定约束条件下的牛脸识别。

但是,在实际生产中,牛只存在一定的活动,这可能会导致在识别过程中,牛脸被障碍物遮挡,难以准确识别的问题(许贝贝等,2020)。为应对这一挑战,杨蜀秦等(2021)提出一种融合坐标信息的奶牛面部识别模型。在 YOLOV4 网络的特征提取层和检测头部分分别引入坐标注意力机制和包含坐标通道的坐标卷积模块,增强模型对目标位置的敏感性,从而提升遮挡条件下牛脸识别的精度(Wang et al.,2022)。与此同时,Li 等(2022)设计了一个高精度的注意力机制模块,用于提升模型区分遮挡部分和未遮挡部分的能力,并训练神经网络忽略被遮挡部分的特征信息。该机制被集成到 MobileNet 中,以增强遮挡条件下的牛脸识别效果;注意力机制通过给予不同区域或特征不同的权重来实现间接聚焦(Li et al.,2018)。齐咏生等(2024)提出一种基于特征掩膜学习策略遮挡牛脸识别方法,模型由遮挡物分割、牛脸特征提取、掩膜学习单元 3 部分组成。具体的框架如图 1-3 所示。

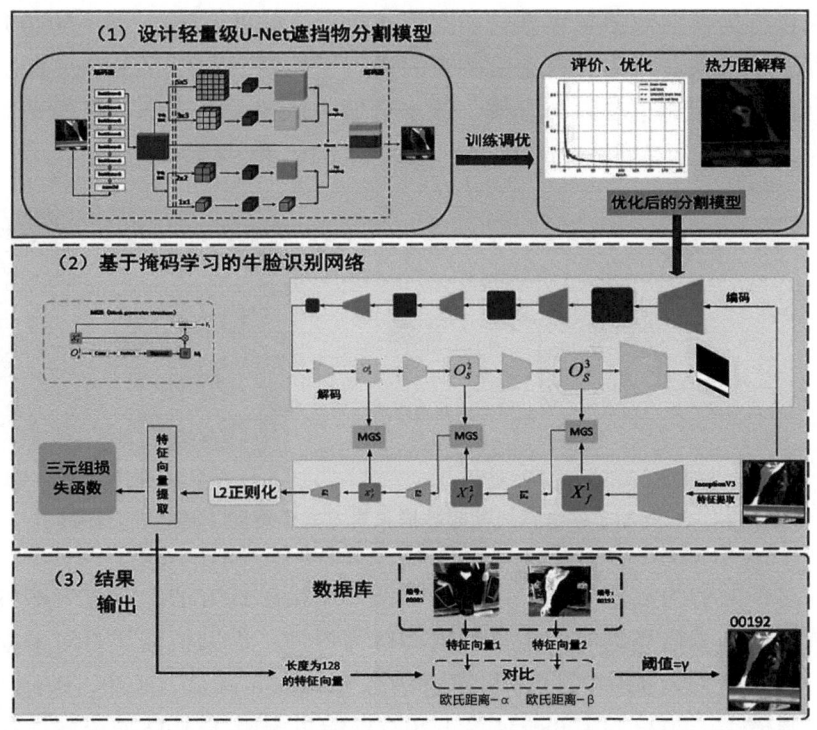

图 1-3　基于特征掩膜学习策略遮挡牛脸识别算法结构图(齐咏生等,2024)

三、牛羊行为监测技术

在牛羊养殖时，其健康状态往往与其所处环境及行为活动有着密不可分的关系。环境场景方面，雨天时牛羊需要从露天活动区转入圈舍，长时间淋雨，可能会导致牛的体温下降，从而影响其健康状况。行为活动方面，肉牛通过回头舔舐身体的行为来清除皮肤上的污垢和寄生虫；农户可以通过躺卧时间长短来判定肉牛休息程度（Mancuso et al., 2023）。关注和监测牛羊养殖场景和行为习性，采取适当的管理策略，是保障肉牛和肉羊健康状况的重要手段（黄小平等，2023）。传统的方法是采用人工巡视的方法监测养殖场环境及肉牛行为，不仅耗费时间、人力，增加成本，还有可能会出现农户主观因素造成的错误，需对监测方法进行优化创新。随着智慧农业发展，结合计算机技术对畜牧养殖业信息化、自动化和智能化管理成为智慧养殖的趋势。

湖羊的采食、反刍、异食等行为在一定程度上反映了其健康和心理状态。目前已有可以对湖羊咀嚼行为的自动识别技术，能够将湖羊的咀嚼次数反馈给管理者，便于实时判断湖羊所处的心理和生理状态（陆明洲，2021）。舍饲湖羊采食行为视频数据采集方式如图1-4所示。此外，Jiang等（2020）在圈舍群养羊饮水采食行为的自动监测方面进行了探索，利用YOLOv4深度学习框架定位羊只，通过羊只与食槽、饮水区域的位置关系识别羊只的采食与饮水行为，对两种行为的识别精度分别达到97.82%和98.27%。

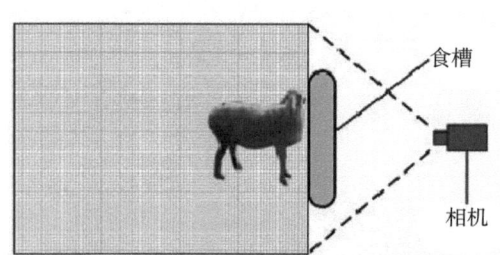

（a）相机与羊圈位置关系示意图　　　　（b）羊采食短时咀嚼行为视频帧

图1-4　舍饲湖羊采食行为视频数据采集方式示意图（陆明洲，2021）

针对牛的行为数据特性，国内外学者采用接触式方法，通过一些可穿戴的传感器设备来监测肉牛的生理数据和行为习性，借助机器学习对采集数据进行分析，进而监测牛的行为和健康状态（Riaboff et al., 2020，Peng et al., 2019，张楷等，2022）。Cabezas等（2022）给牛佩戴了3-D加速度计和GPS传感器的监控设备，监测牛的运动和位置，将记录进食、反刍、躺卧和站立

4种行为的时间视频与传感器数据进行匹配，通过随机森林算法分类验证。Li等（2022）使用IMU数据和多种机器学习算法，对4个时间窗口（5 s、10 s、30 s和60 s）中的分类性能进行研究，可以准确地分类和识别牛的行为动作。Ismail（2024）在牛腿部佩戴了3个传感器，即陀螺仪、磁力计和加速计，收集健康和跛足奶牛数据，引入CowScreeningDB多传感器数据库，使用支持向量机等机器学习算法，研究奶牛跛行检测。但传感器未能考虑环境场景因素，如雨天容易受损、冬天电池寿命缩短等问题，并且传感器贴近牛的身体，容易造成肉牛应激反应，影响肉牛行为识别的准确率。随着计算机视觉的发展，诸多学者采用非接触式方法（Achour et al.，2020，Wang et al.，2022，白强等，2022），通过智能图像处理对牛的行为特征提取分析，实现对肉牛行为识别。Yu等（2024）在白天、夜间等场景下，在YOLOv5主干网络中集成了一个密集模块，以加强对牛棚环境下奶牛特征的提取，使用CoordAtt注意力机制和SIoU损失函数，增强特征学习和训练收敛性，有效识别奶牛站立、躺卧、进食、饮水等常见行为。Wang等（2024）提出了基于YOLOv8的改进模型，对小目标奶牛使用归一化Wasserstein距离损失，将三重注意力模块TAM整合到骨干网络中，该模型在复杂环境下对发情奶牛进行准确、实时监测。上述研究采用YOLO目标检测方法可以有效对肉牛的多种姿态行为进行识别，并且考虑到肉牛养殖场景对牛行为识别的影响，划分白天、夜间、沙尘等自然场景对模型鲁棒性进行验证，但人工手动划分场景可能会受到研究人员主观意见和经验的影响，并增加了一些科研时间和人力成本。付辰伏等（2024）提出了一种基于自动场景区分的轻量化肉牛多种行为识别方法。首先，通过FasterNet模型自动区分自然天气场景，为肉牛行为数据集引入场景特征因素做准备。其次，对YOLOv8s网络进行轻量化改进。最后，在FABF-YOLOv8s网络性能基础上，借助FasterNet模型区分后的自然天气场景，使模型学习含有场景因素的肉牛行为特征。

四、养殖场信息监测系统

畜禽养殖过程中，其养殖设备在很大程度上限制畜禽养殖的水平（胡忠民等，2020）。诸多中小规模的养殖场生长性能测量依赖人工测定，该方式耗费人力物力且准确率不高，甚至造成较大误差，从而严重阻碍养殖产业的良性发展（刘忠超等，2019；倪亚南，2020）。羊场信息化管理系统有利于完善养殖场羊只的信息，可以筛选出性状较为优良的品种进入核心群体。邱麦迪（邱麦迪，2021）针对传统式奶山羊生长性能测量精准度低的现状，提出了一种基于 STM32 的数字式实用型奶山羊生长性能全自动测定方案。接下来以羊场为例进行详细介绍。

（一）养殖场信息监测装置工作原理

羊场养殖信息监测装置利用射频识别 RFID 技术将每个羊只的电子耳标从羊群中识别出来，达到识别具体羊只身份的目标；还能够显示羊只喂食前时间、羊只喂食后时间、羊只喂食前饲料重量、羊只喂食后饲料重量、羊只喂食前体重、羊只喂食后体重等一系列重要养殖信息参数（邱麦迪，2021）。养殖场羊舍外监测站处各安装一台该监测装置，每个羊舍可以饲养 20 ~ 25 只。当右耳戴有耳标的羊只进入舍外监测站，射频识别 RFID 读出具体电子耳标号码，当羊只喂食过程结束后，该装置会自动记下上述信息参数。根据羊只喂食次数和羊饲料消耗量可以预测其生长性能（邱麦迪，2021）。

（二）养殖场信息监测装置的设计

1. 硬件设计

羊场养殖信息监测装置的具体硬件构成如图 1-5 所示。该装置的总体方案是基于单片机 STM32 主控核心，由 RFID 射频识别模块、运料电机控制模块、传感器检测模块、LCD 液晶显示模块、数据存储模块、电源模块、系统报警模块等组成（邱麦迪，2021）。

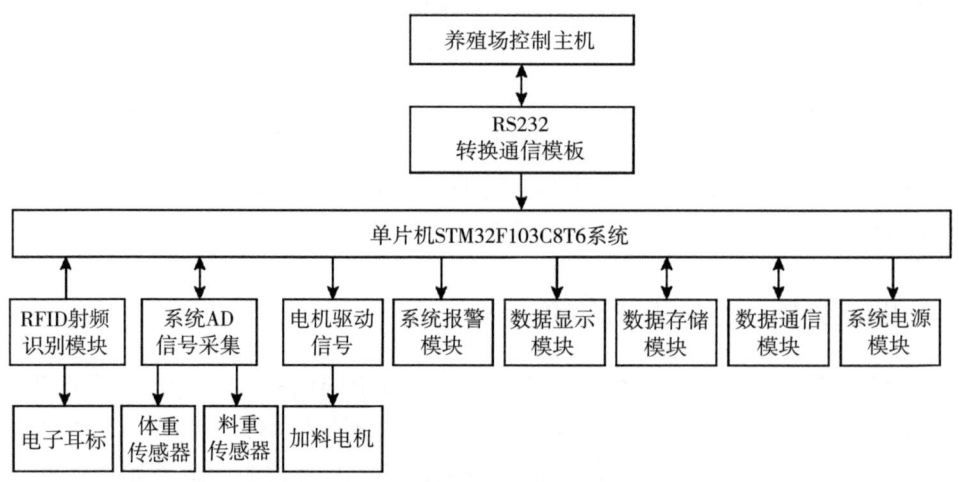

图 1-5 羊场养殖信息监测装置的硬件组成框图（邱麦迪，2021）

2. 软件设计

该设计选用自带 A/D 转换的 STM32，由称重传感器检测电路输出的电信号经过 STM32 进行 A/D 数据采集和数据处理后,通过液晶显示器显示出来(邱麦迪,2021)。程序流程如图 1-6 所示。

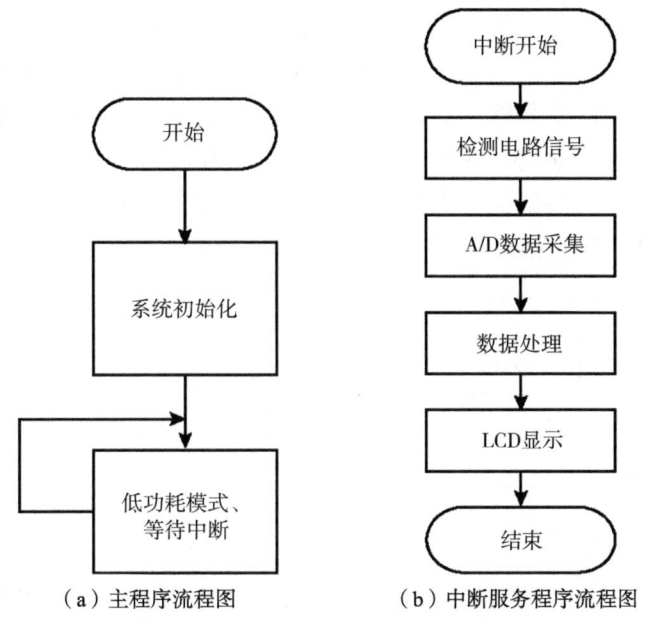

(a)主程序流程图　　(b)中断服务程序流程图

图 1-6　程序流程图(邱麦迪,2021)

现场在成功建立 ZigBee 网络基础上,信息采集节点采集现场信息并发送,无线接收节点即 ZigBee 协调器接收现场采集信息,通过 RS232 传输给上位机。信息采集节点包含:羊舍环境信息采集节点用于采集羊舍内环境信息;羊耳标信息采集节点用于采集进出羊舍的羊耳标签信息。信息采集流程如图 1-7 所示(邱麦迪,2021)。

五、养殖场信息管理系统

羊场信息管理系统是一整套的系统,可以将羊场的信息进行实时采集、录入、存储、拷贝、传输和查询(王玲等,2014)。该系统主要由 RFID 阅读器、ZigBee 无线传感网络与嵌入式技术相结合。

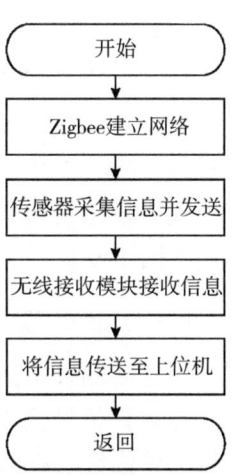

图 1-7　信息采集流程图(邱麦迪,2021)

（一）系统总体功能

羊场养殖信息管理系统由手持终端、无线传感网络和上位机3部分组成，无线传感网络实现手持终端与上位机数据管理库之间的双向无线通信，适用于长期数据采集和通信。系统启用时，手持终端通过射频识别模块自动采集唯一标识：羊的电子耳标信息，通过触摸屏模块录入、存储、拷贝或查询该羊的配种、产羔、断奶、转群、疫病治疗等养殖信息，通过无线通信模块在就近的路由节点与协调器节点之间以多跳中继的方式无线上传、下载该羊的养殖信息，协调器节点有线连接上位机（图1-8）。

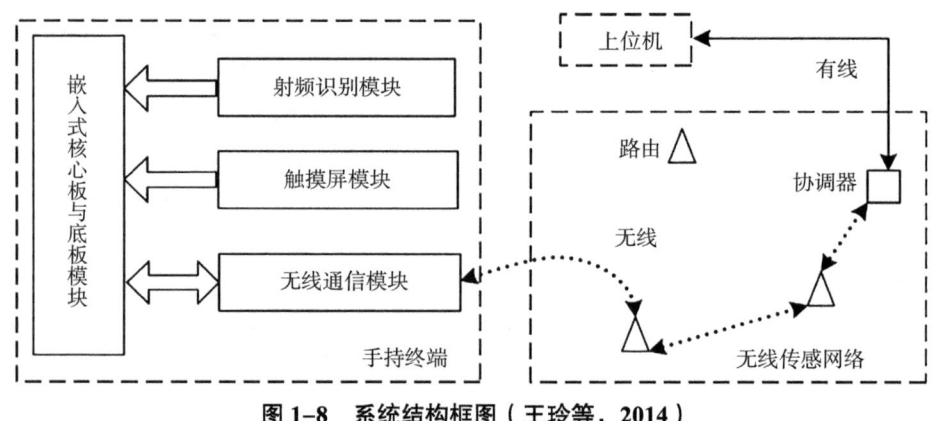

图1-8　系统结构框图（王玲等，2014）

（二）硬件设计与实现

手持终端采用模块化设计方法，将嵌入式模块、射频识别模块和无线通信模块相连，其中，嵌入式模块主要由嵌入式核心板、触摸屏模块、存储设备、输入输出接口等组成。各个模块通过底板电路连接，采用接口方式相互通信（图1-9）。

（三）软件设计

手持终端采用嵌入式Linux-2.6.38为开发环境。RFID模块实现编码的识别，对射频信号接收、解码后，通过UART接口与核心板连接，必须遵循以字符为单位传输数据的起止式异步串行通信协议。

（四）羊场使用过程

该系统的使用涉及羊场管理的各个方面，包括羊场的日常管理、育种管理以及疫病管理。

第一章 绪论

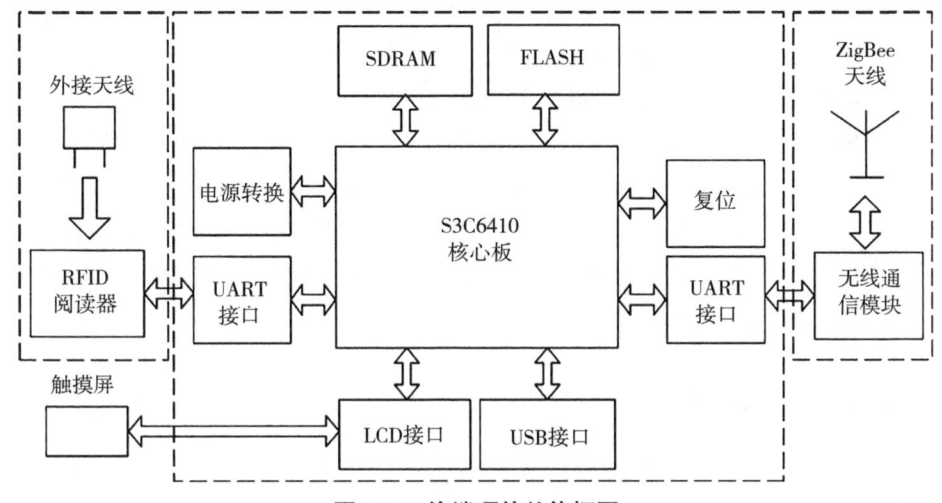

图 1-9 终端硬件总体框图

1. 日常管理

查询羊的父编号、母编号、羊圈号、性别、胎次、出生日期、初生重、断奶日期及断奶重,以及母羊各胎的产羔数、产公羊数及产母羊数。存储、拷贝或上传羊的编号、母羊编号、羊圈号、羊类别、出售日期、出售重、死亡日期、死亡原因、新羊圈号、新编号及人工编号。

2. 育种管理

存储、拷贝或上传配种的母羊编号、公羊编号、配种日期、配种是否成功及妊娠检查;存储、拷贝或上传母羊的产羔日期、产羔数、胎次,以及小羊的编号、性别、初生重、断奶日期及断奶重。

3. 疫病管理

存储、拷贝或上传羊的疾病信息、疫苗种类及疫苗日期。查询羊的疫苗资料及药品资料。

第四节 智慧化养殖与动物福利

一、动物福利

在近 50 年来,随着集约化养殖模式迅速发展,畜禽养殖过程中出现诸多问题,主要表现在动物的基本必需行为被剥夺、饲养密度高、漏缝地板的使用、环境刺激匮乏、缺乏管理、畜禽整体健康状况下降、高度机械化和环境污染等方面。随着动物福利逐渐渗入养殖业，在研究中逐渐形成了一个新兴的学科体系。动物福利是指动物在环境中自由、舒适地生活。动物的行为可以概括为8种：自卫、反应、摄食、适应、探索、领地、协调和休息（Foster，1997）。Alfonso-Carrillo等（Alfonso-Carrillo et al.，2017）提出的一系列客观指标可用于衡量行为。然而，当动物感到压力或福利状况不理想时，它们会表现出更多的异常刻板行为，这些行为是重复的、机械的，没有明显的目标或功能（Mason，1991）。

二、动物福利的含义

动物福利是保证动物康乐的外部条件。动物康乐就是动物"心理愉快"的感受状态，包括无任何疾病、无行为异常、无心理紧张、无压抑和痛苦等（Jensen，1988）。因此，动物福利反映了动物生活环境的客观条件，福利条件的好坏直接影响动物的康乐。英国家畜福利委员会对家畜的饲养条件提出了明确的要求，指出必须保证家畜的"五大自由"权利：第一，避免饥渴的自由，即提供适当的清洁饮水以及保持健康和精力所需要的食物；第二，生活舒适的自由，即提供适当的房舍或栖息场所，能够舒适地休息和睡眠；第三，免受疼痛、损伤和疾病的自由，即保证动物不受额外的疼痛，并预防疾病和对患病动物给予及时的治疗；第四，免受惊吓和恐惧的自由，即保证避免精神痛苦的各种条件和处置；第五，能够表现绝大多数正常行为的自由，即提供足够的空间、适当的设施以及与同类动物伙伴在一起。

三、动物福利的意义

1. 有利于促进我国畜牧业的发展

动物福利的思想在我国的发展还处于初期阶段，动物福利也仅仅局限于一些保护动物的志愿活动，关于动物福利的活动还远远不足。部分学者认为动物福利会使相应的成本上升，但是，采取一定的动物福利活动，可以很好地保护动物健康的成长，从而更好地保护人们饮食上的健康。动物福利的实施不仅可以提高企业形象，而且可以保障人们的生活质量（贾赦，2020）。

2. 有利于提高动物的生产性能和减少疾病的发生

集约化畜牧业生产方式的负面影响已经逐步呈现出来，一些人认为，违背自然规律、盲目追求最大利润的做法已经影响到了养殖业的健康发展。重视动物的福利有利于提高畜禽的生产性能和减少疾病的发生。具体表现在：给动物提供舒适的环境，让动物充分地表达其必需的行为需求，减少养殖过程中的应激反应，可以降低动物的异常行为和行为规癖的发生率，增强动物的抵抗力和免疫力，加快动物的生长速度，提高饲料利用率，降低死亡率。

3. 有利于保护动物源性食品安全

养殖业为人类提供了丰富的动物源性食品，但同时人们也日益为食品的安全性担忧。近些年发生的"瘦肉精"和"三聚氰胺"等动物性食品安全事件加剧了人们的担忧。这些动物性食品安全事件的暴发，归根结底是人们没有重视动物福利，动物未受到相应福利饲养的结果。在饲养过程中任意添加激素类、抗生素类等添加剂，造成了动物产品中药物、毒素的残留问题。此外，饲养、运输、屠宰过程中因应激会产生水猪肉（PSE肉）和干硬肉（DFD肉），直接影响了畜产品的品质，严重危害人们的健康。可以说，动物福利从根本上影响着动物性食品的安全以及质量。

4. 规避新的国际贸易壁垒

欧盟、美国等地区都制定有保护动物福利的法律，在对畜产品进口时要求提供一些证明，证明畜禽在饲养、运输、屠宰等环节中没有被虐待，确保动物在健康、舒适的环境下生产制造。欧盟、日本新食品法已经将肉质健康定在"源头控制"上。这不仅会使中国肉类的出口风险和出口成本增加，还涉及整个生产过程中的每一个环节，更体现了健康养殖与实施符合高标准规范化生产体系的必要性。我国应积极与世界畜禽产品标准接轨，规避新的国际贸易壁垒，否则可能会影响我国对外贸易的出口销售（李艳等，2020）。

5. 有利于科学研究

现代生命科学离不开动物试验。通过动物试验，可以揭示生命的内在本质，使人类了解生命活动的基本规律，最终为人类服务。但是，人们在利用实验动物进行试验研究时，往往不顾及动物的伤痛，残忍地对待动物。动物长期处于惊恐的环境中，其生理和心理都处于不正常的状态。这样的动物被用于试验中，所得到结果的准确性和有效性将会受到一定程度的影响。因此，我们应该重视实验动物的福利，改善实验动物的饲养条件，优化动物的试验方案，减少不必要的动物使用数量，不仅可以缓和与极端民间组织反对利用动物进行试验的冲突，而且对规范动物试验、推动科学的发展起到了积极的作用。

四、智慧化养殖和动物福利

近年的智慧化养殖使养殖户受益匪浅，解决了养殖人员的基本需求，例如实现畜牧业的自动化（饲喂控制系统）（Caria et al., 2017）。目前。动物福利是通过动物保健监测来解决。同时，人们普遍认为，生物医学和环境参数和因素可以很容易地用现代技术测量，表明动物是健康的、无痛的，并且生活在适合物种并允许它们生存的环境中。

动物福利关乎到动物的健康养殖和畜牧业安全生产，也直接影响畜产品的品质，间接影响着人类的食品安全。如智能监测技术已经用于放牧绵羊福利研究中，包括音频分析、视觉检测、行为监测、行为特征识别、卫星定位和无人机巡航等关键技术。准确高效地监测畜禽个体行为，有利于分析其生理、健康和福利状况，是实现自动化健康养殖和肉品溯源的基础。但是，目前我国畜牧养殖主要以产量提高为重，而对动物福利和高品质安全生产的重视有待提高，对于福利化养殖技术及评价体系尚处于研究阶段。

第五节　结　语

我国是畜牧业大国，规模化的发展为智慧化养殖提供了一定的基础。同时，随着物联网、人工智能等技术的发展，为智慧化养殖业的发展提供了技术上的可能性。养殖场养殖信息检测系统、信息管理系统等技术的应用实现了养殖业的精确化饲养，降低了养殖业的人工成本，极大程度上推动了养殖业的发展。在畜禽规模化发展的基础上，人们逐渐认识到动物福利的重要性。在无限追求动物所带来经济效益的同时，难以保证动物的福利要求。但是，动物智慧化养殖的发展为动物的福利养殖提供了很好的契机。

参 考 文 献

白强，高荣华，赵春江，等，2022. 基于改进 YOLOV5s 网络的奶牛多尺度行为识别方法 [J]. 农业工程学报，38(12): 163-172.

陈超，张敏，宋吉轩，2008. 我国设施农业现状与发展对策分析 [J]. 河北农业科学 (11): 99-101.

刁海亭，2022. 物联网在智慧畜牧业高质量发展中的作用浅析 [J]. 山东畜牧兽医，43(3):

53-56.

郭世栋, 穆娟, 张之朝, 等, 2014. 物联网技术在畜产品物流信息跟踪设计中的应用 [J]. 中兽医学杂志 (7): 79-80.

韩宇, 2016. 人工智能在设施农业领域的应用 [J]. 农业工程技术, 36(31): 44-47.

胡勤, 2010. 人工智能概述 [J]. 电脑知识与技术, 6(13): 3507-3509.

胡忠民, 刘秀丽, 王嘉茵, 2020. 育肥牛羊养殖常见问题及解决措施 [J]. 畜牧兽医科学 (电子版) (21): 35-36.

黄小平, 冯涛, 郭阳阳, 等, 2023. 基于改进YOLOv5s的轻量级奶牛体况评分方法 [J]. 农业机械学报, 54(6): 287-296.

贾赦, 2020. 基于畜牧业生产与动物福利有关思考 [J]. 吉林畜牧兽医, 41(7): 61, 64.

姜芳, 曾碧翼, 2013. 设施农业物联网技术的应用探讨与发展建议 [J]. 农业网络信息 (5): 10-12.

李文凤, 杨亚莉, 李龙, 2021. 信息技术在现代畜牧业生产中的应用和发展 [J]. 农业工程, 11(7): 34-36.

李艳, 郭若婷, 傅文栋, 2020. 关注动物福利的重要性 [J]. 中国畜牧业 (13): 60-61.

刘辉, 曾福生, 匡远凤, 等, 2005, 基层农业技术推广体系的调查与思考——以湖南省衡山县、衡东县为例 [J]. 科技和产业 (1): 21-24.

刘忠超, 翟天嵩, 何东健, 2019. 精准养殖中奶牛个体信息监测研究现状及进展 [J]. 黑龙江畜牧兽医 (13): 30-33, 38.

陆明洲, 梁钊董, Norton Tomas, 等, 2021. 基于EfficientDet网络的湖羊短时咀嚼行为识别方法 [J]. 农业机械学报, 52(8): 248-254, 426.

陆蓉, 胡肄农, 黄小国, 等, 2018. 智能化畜禽养殖场人工智能技术的应用与展望 [J]. 天津农业科学, 24(7): 34-40.

倪亚南, 2020. 基于ZigBee的物联网奶牛养殖综合管理系统研究与设计 [J]. 物联网技术, 10(5): 107-108, 111.

齐咏生, 张新泽, 张嘉英, 等, 2024. 基于特征掩膜的局部遮挡牛脸识别方法 [J]. 农业机械学报, 1-11.

邱麦迪, 2021. 基于RFID和WSN的羊场养殖信息监测装置设计 [J]. 中国仪器仪表 (7): 80-83.

孙雨坤, 王玉洁, 霍鹏举, 等, 2019. 奶牛个体识别方法及其应用研究进展 [J]. 中国农业大学学报, 24(12): 62-70.

王玲, 邹小昱, 刘思瑶, 等, 2014. 基于RFID与ZigBee的羊场养殖信息管理系统 [J]. 农业机械学报, 45(9): 247-253.

吴宗权, 2014. 物联网技术在现代畜牧业的应用 [J]. 饲料博览 (10): 62-64.

许贝贝, 王文生, 郭雷风, 等, 2020. 基于非接触式的牛只身份识别研究进展与展望 [J]. 中国农业科技导报, 22(7): 79-89.

杨飞云，曾雅琼，冯泽猛，等，2019. 畜禽养殖环境调控与智能养殖装备技术研究进展[J]. 中国科学院院刊，34(2)：163-173.

杨蜀秦，王振，韩媛媛，等，2021. 基于融合坐标信息的改进YOLOV4模型识别奶牛面部[J]. 农业工程学报，37(15)：129-135.

余丽生，沈颖，2021. 以智慧循环产业发展带动乡村振兴[J]. 新理财政府理财(8)：33-34.

袁圣钧，2020. 基于国际视角的中国肉羊产业发展现状分析及肉羊企业发展策略研究[D]. 杨凌：西北农林科技大学.

张彩霞，武佩，宣传忠，等，2013. 母羊声音信号处理与识别系统的设计[J]. 内蒙古农业大学学报（自然科学版），34(5)：145-149.

张军，2021. 基于物联网技术的智慧畜牧养殖模式——以玉屏温氏畜牧为例[J]. 农技服务，38(3)：73-74+77.

张楷，韩书庆，程国栋，等，2022. 基于高斯混合-隐马尔科夫融合算法识别奶牛步态时相[J]. 智慧农业（中英文），4(2)：53-63.

ACHOUR B, BELKADI M, FILALI I, et al., 2020. Image analysis for individual identification and feeding behaviour monitoring of dairy cows based on Convolutional Neural Networks (CNN)[J]. Biosystems Engineering, 198: 31-49.

ALFONSO-CARRILLO C, MARTÍN E, DE BLAS C, et al., 2017. Development of simplified sampling methods for behavioural data in rabbit does[J]. World Rabbit Science, 25(1): 87-94.

CABEZAS J, YUBERO R, VISITACIÓN B, et al., 2022. Analysis of accelerometer and GPS data for cattle behaviour identification and anomalous events detection[J]. Entropy, 24(3): 336-336.

CARIA M, SCHUDROWITZ J, JUKAN A, et al., 2017. Smart farm computing systems for animal welfare monitoring[C]//2017 40th International Convention on Information and Communication Technology, Electronics and Microelectronics (MIPRO). IEEE. 152-157.

ERADUS W J, JANSEN M B. 1999. Animal identification and monitoring[J]. Computers and Electronics in Agriculture, 24(1-2): 91-98.

FOSTER T M, TEMPLE W, POLING A. 1997. Behavior analysis and farm animal welfare[J]. The Behavior Analyst, 20(2): 87-95.

ISMAIL S, DIAZ M, CARMONA-DUARTE C, et al., 2024. CowScreeningDB: A public benchmark database for lameness detection in dairy cows[J]. Computers and Electronics in Agriculture, 216: 108500.

JENSEN, P, 1988. Diurnal rhythm of bar-biting in relation to other behaviour in pregnant sows[J]. Applied Animal Behaviour Science, 21(4): 337-346.

JIANG M, RAO Y, ZHANG J, et al., 2020. Automatic behavior recognition of group-housed goats using deep learning[J]. Computers and Electronics in Agriculture, 177: 105706.

KUMAR S, SINGH S K, 2020. Cattle recognition: A new frontier in visual animal biometrics research[J]. Proceedings of the national academy of sciences India section, 90(4): 689-708.

LI Y, SHU H, BINDELLE J, et al., 2022. Classification and analysis of multiple cattle unitary behaviors and movements based on machine learning methods[J]. Animals, 12(9): 1060.

LI Y, ZENG J, SHAN S, et al., 2018. Occlusion aware facial expression recognition using CNN with attention mechanism[J]. IEEE Transactions on Image Processing, 28(5): 2439-2450.

LI Z, LEI X, 2022. Cattle face recognition under partial occlusion[J]. Journal of Intelligent & Fuzzy Systems, 43(1): 67-77.

LI Z, LEI X, LIU S, 2022. A lightweight deep learning model for cattle face recognition[J]. Computers and Electronics in Agriculture, 195: 106848.

MANCUSO D, CASTAGNOLO G, PORTO S M C, 2023. Cow behavioural activities in extensive farms: Challenges of adopting automatic monitoring systems[J]. Sensors, 23(8): 3828.

Mason G J, 1991. Stereotypies: a critical review[J]. Animal Behaviour, 41(6): 1015-1037.

PENG Y, KONDO N, FUJIURA T, et al., 2019. Classification of multiple cattle behavior patterns using a recurrent neural network with long short-term memory and inertial measurement units[J]. Computers and Electronics in Agriculture, 157: 247-253.

RIABOFF L, POGGI S, MADOUASSE A, et al., 2020. Development of a methodological framework for a robust prediction of the main behaviours of dairy cows using a combination of machine learning algorithms on accelerometer data[J]. Computers and Electronics in Agriculture, 169: 105179.

ROBERTS C M, 2006. Radio frequency identification (RFID)[J]. Computers & security, 25(1): 18-26.

ROSSING W, 1999. Animal identification: introduction and history[J]. Computers and Electronics in Agriculture, 24(1-2): 1-4.

SAMAD A, MURDESHWAR P, HAMEED Z, 2010. High-credibility RFID-based animal data recording system suitable for small-holding rural dairy farmers[J]. Computers and electronics in agriculture, 73(2): 213-218.

WANG R, GAO Z, LI Q, et al., 2022. Detection method of cow estrus behavior in natural scenes based on improved YOLOv5[J]. Agriculture, 12(9): 1339.

WANG Y, HUA C, DING W, et al., 2022. Real-time detection of flame and smoke using an improved YOLOv4 network[J]. Signal, Image and Video Processing, 16(4): 1109-1116.

WANG Z, HUA Z, WEN Y, et al., 2024. E-YOLO: Recognition of estrus cow based on improved YOLOv8n model[J]. Expert Systems with Applications, 238: 122212.

WENG Z, MENG F, LIU S, et al., 2022. Cattle face recognition based on a two-branch convolutional neural network[J]. Computers and Electronics in Agriculture, 196: 1-9.

WILLIAMS L R, FOX D R, BISHOP-HURLEY G J, et al., 2019. Use of radio frequency identification (RFID) technology to record grazing beef cattle water point use[J]. Computers and Electronics in Agriculture, 156: 193–202.

YU R, WEI X, LIU Y, et al., 2024. Research on automatic recognition of dairy cow daily behaviors based on deep learning[J]. Animals, 14(3): 458.

第二章
牛羊个体身份识别技术

早期在传统养殖模式中主要依靠人工观察的方式来实现动物的个体识别、监测和获取各种生理信息数据，识别效率低，需要大量的时间和人力投入，不能对养殖管理技术做出及时和有针对性的调整。我国养殖业呈现规模养殖、小区和散养模式共存的局面，但近年来规模化养殖程度逐渐提高。为了适应大规模、集约化养殖的发展需求，需要考虑群体中的个体在品种、年龄、胎次、泌乳阶段、健康状况的差异，根据个体差异进行科学管理和饲养，实现自动化养殖，这也是现代规模化养殖的发展趋势。随着人工、饲料和粪污处理等成本上涨以及乳品安全问题日益突出，规模化养殖对饲养管理方式提出更高的要求，实现精准养殖对信息技术的支撑需求更大（李栋，2013）。物联网、云计算、移动通信等技术的发展也为现代畜牧业提供了数字化和信息化技术的重要支撑手段。而在精准养殖体系中个体档案的建立、信息的采集、健康状况追踪、执行方案的制定，以及畜牧产品溯源等，都需要首先对动物进行快速准确的个体身份识别。动物的个体识别方法主要分为两种，接触式识别和非接触式识别，接触式识别主要是基于承载牛羊个体信息的耳标身份识别，包括可视耳标、二维码耳标和射频识别（RFID）电子耳标；非接触式识别主要是基于生物特征信息的身份识别，如视网膜识别、虹膜识别、声音识别、嘴部纹理特征识别等。目前我国畜牧业对动物进行个体识别的方法主要采用二维码耳标和电子耳标。

第一节 传统的个体识别方法

一、耳标的推广应用过程

（一）国外动物耳标的发展
动物耳标起源于19世纪欧洲荷兰、英国等发达国家，使用动物耳标的目的是用于奶牛的个体标识的区分，奶牛的生产信息及品种信息的记录。后来一些畜牧业生产发达的国家将此种标识用于牲畜的免疫记录，并输入免疫档案备查，反映畜禽群体整体的免疫信息，大幅度地提高了国家强制免疫动物疫病的密度，使这些国家动物疫病免疫有计划、有步骤、有程序、按标准进行，有效地控制和消灭了许多重大一类动物疫病。1997年欧洲疯牛病危机后，欧盟要求各成员国建立一个广泛协调一致的机制，即强制执行动物标识和标识溯源信息系统。以快速、准确地查证动物调运情况，并实行肉制品标签制度（高建华，2013）。

（二）我国动物耳标起源和发展

我国最早开始对牲畜施行的耳标为免疫耳标，从最初的免疫耳标到电子耳标的推广经历了漫长的过程。2002年10月，农业部下达了在全国实行《动物免疫标识管理办法》的13号农业部令，从2003年起在全国推行动物免疫耳标制度。通过对牲畜佩戴耳标，建立档案，详细记录动物免疫、饲养和用药情况，推动了免疫、检疫工作的开展，为疫情及时反馈提供了条件，为我国畜产品安全和疫情追溯制度的建立和完善奠定了基础。

随着养殖业监管水平和力度不断提升，2006年农业部颁布《畜禽标识和养殖档案管理办法》，规定了畜禽标识编码由畜禽种类代码、县级行政区域代码、标识顺序号共15位数字及专用条码组成，也全面规定了畜禽繁育、饲养、屠宰、加工、流通等环节涉及的有关标识和档案管理。对于规范畜牧业生产经营行为，加强畜禽标识和养殖档案管理，建立畜禽及畜禽产品可追溯制度，有效防控重大动物疫病，落实畜禽产品质量安全责任追究制度，促进畜牧业持续高质量发展具有重要意义。从2008年1月1日起，所有牲畜均应按规定加施牲畜耳标，并凭此进入流通等环节，畜禽标识实行一畜一标，编码具有唯一性。

2011年5月20日农业部办公厅公布了《牲畜二维码耳标质量检测项目及判定指标》，进一步规范牲畜二维码耳标质量检测，推进动物标识建设工作。由于我国动物数据非常庞大，传统的耳标已经不能满足要求，快速发展的电子标签技术则成为当前建立可追溯性体系的最佳选择，2011年12月30日，农业部制定了《动物电子耳标试点方案》，率先在天津、内蒙古、湖南、新疆等地开展试点工作，为下一步电子标识技术的推广应用提供依据。2021年1月11日印发了《牲畜耳标技术规范（修订稿）》和《牲畜电子耳标技术规范》，规范规定了牲畜耳标的标准样式、生产、质量控制、加施和管理的技术要求（图2-1），进一步规范牲畜耳标使用管理，推广使用牲畜电子耳标，进一步提高牲畜可追溯性。

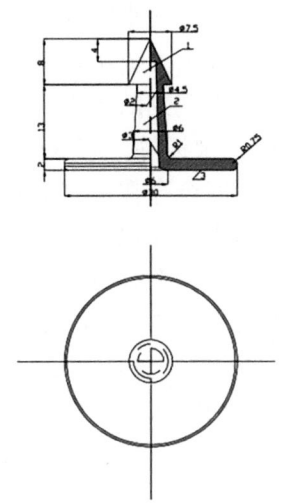

1-耳标头 2-耳标颈 3-耳标正面
牛耳标主标结构规格尺寸示意图（mm）

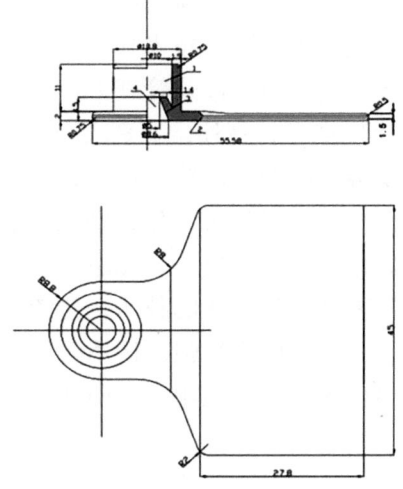

1-耳标锁扣 2-耳标副面 3-锁扣芯 4-锁孔
牛耳标辅标结构规格尺寸示意图（mm）

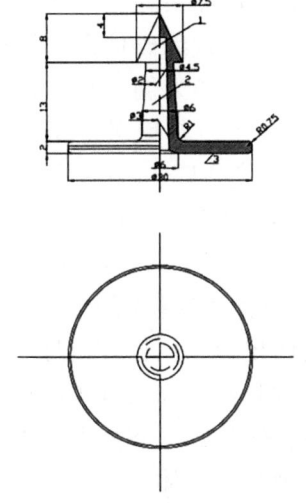

1-耳标头 2-耳标颈 3-耳标正面
羊耳标主标结构规格尺寸示意图（mm）

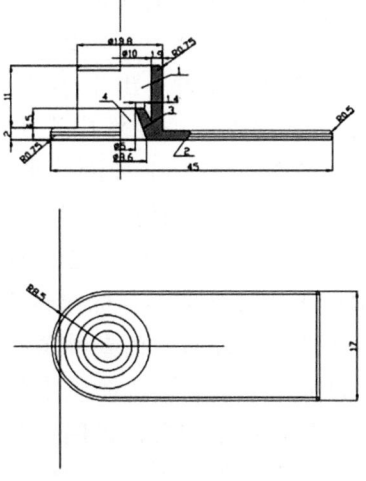

1-耳标锁扣 2-耳标副面
羊耳标辅标结构规格尺寸示意图（mm）

图2-1 羊耳标主标（左）、辅标结构（右）规范尺寸
（农业农村部，《牲畜耳标技术规范》（修订稿））

二、传统的标记方法

在早期传统养殖模式中主要依靠人工观察为主的方式来实现动物的个体识别，这种识别方法技术含量低，需要大量的时间和人力成本，并且可能因为标签脱落、损坏以及管理人员的主观意识或疏忽出现判断错误的情况，加大了管理难度。另外，管理人员需要进入畜舍内记录标签，获取生物信息，这不仅会引起动物的应激反应，也会对动物群生物安全存在潜在威胁。由于无法对个体进行实时有效识别，不能反映个体行为参数变化规律，不同场所测定数据很难统一比较，无法对动物信息进行科学的精准分析。作为养殖业小规模发展逐步形成的技术，传统的识别方法也具有成本低，技术含量低的优势，由于可操作性强，适用条件具有普遍性，近年来仍然在相当一部分农牧业中得到了推广运用。目前在牛羊中前期广泛应用的人工识别方法主要有以下几种。

（一）普通可视耳标

耳标由主标和辅标两部分组成，主标由主标耳标面、耳标颈、耳标头组成；主标耳标面的背面与耳标颈相连，使用时耳标头穿透牲畜耳部、嵌入辅标、固定耳标，耳标颈留在穿孔内。耳标面登载编码信息，用以记载羊的个体号、品种、出生年月、性别等。以某牧业场为例：有一只杜泊公羊出生于2015年，在场内出生公羊顺序是第13个，其编号应是：场代码（320109010002487）+杜泊羊代码（DO）+出生年度代码（15）+场内顺序号（00013）。该羊全国统一编号为：320109010002487DO1500013。在场内佩戴的塑料耳标可以打印上：DO-500013。羊的号码可以用钢字钉打在耳标上，通常插于左耳基部。耳标佩戴部位应视羊属于纯种或杂种而定，一般来说，纯种羊应戴在左耳，而杂种羊应戴在右耳。为防出血，用打耳钳打孔时，一定要注意避开血管。为防感染化脓掉标，还应预先对耳标、打号钳及要打孔的部位进行严格消毒，再用打孔钳打孔，随后把底片的柱头插入孔内，再用打孔钳打孔，随后把底片的柱头插入孔内，再把打有个体号的外片套上，最后用固定钳铆上。若为羔羊，戴号最好还是结合断奶鉴定进行。耳标的类型有塑料吊坠、塑料条形码、金属耳夹等，塑料耳标是早期人工观察使用比较广泛的一种方法（图2-2）。二维码耳标采用激光打标设备在耳标面刻制个性化编码信息，经过识读器的翻译，信息将传输到中央数据库，耳标抗磨损、易读取（图2-3）。但是，这些耳标会损害动物的耳朵且容易丢失，如果长期使用，动物的耳朵会逐渐腐烂；另外，由于耳标可以复制和伪造，不适用于保险索赔业务的动物个体识别。

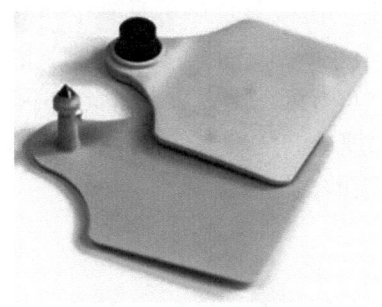

图 2-2　塑料耳标

图 2-3　二维码耳标

（二）烙角法

即用烧红的钢字，把号码烙在羊角上，仅适用于有角公羊的编号，但只可以作为辅助编号，如本场种公羊，除耳标外，把公羊的个体号再烙在角上，检查起来会更方便。烙号标识技术比较成熟，标识清晰，但操作不当容易对羊造成伤害。

（三）剪耳法

剪耳法是用缺口钳在羊的两耳上剪上缺口进行编号或标明等级。在羊左右两耳的边缘刻出缺口，代表其个体编号。对各部位缺口代表的数字都有明确的规定。通常规定，左耳代表的数小，右耳代表的数大，左耳下缘一个缺口为1，两个缺口为2，上缘一个缺口为3，耳尖一个缺口为100，耳中间一个圆孔为400；右耳下缘一个缺口为10，两个缺口为20，上缘一个缺口为30，耳尖一个缺口为200，耳中间一个圆孔为800。刻的缺口不能太浅，否则，随着羔羊的生长不易识别。这种方法虽简单易行，但也有不少缺点，如动物幼年时剪的缺口到成年往往变形，不易辨认。所以只有在羊数目不多和作为羊等级标记时采用。当以此进行羊的等级编号时，纯种羊可在右耳上打缺口，杂种羊则在左耳上打缺口。如果是特级羊可在耳尖上打一缺口。在饲养规模较小，或者尚无耳标时可以采用。同时，为防羔羊哺乳期间发生混乱，也可于出生不久在其耳上剪上缺口，待到断奶时再根据鉴定结果佩戴耳标。

（四）刺墨标识法和染色法

刺字是用特制的刺字钳和十字钉进行羊个体编号。刺字编号时，先将需要编的号码在刺字钳上排列好，在耳内毛较少的部位，用碘酒消毒后，夹住耳加压，刺破耳内皮肤，在刺破的点线状的数字小孔内涂上蓝色或黑色染料，随着染料渗入皮内，而将号码固定在皮肤上，伤口愈合后可见到个体号码。刺字编号的优点是经济方便。缺点是随着羊耳的长大，字体容易模糊。因此，在刺字后，经过一段时间，需要进行检查，如不清楚则需重刺。此法不适于耳部皮肤有色的羊。这种方法简单经济且无掉号的危险，但常常会有字迹模糊、不易辨认等缺点。因此，一般仅可作为辅助性编号。

（五）临时法

为预防动物群发生混乱，选择既对动物皮毛无害，又在一定时间以内不易脱落的颜料或专用涂料在动物体某一显眼部位涂（写）上某种特定标记的方法。主要用于新生母仔羊临时号的编写、进行动物群体（组）标记，也是对于抽测及需要进行特别观察或照顾的动物的常用标记方法，可以起到一目了然的作用。

牛标记的方法与羊类似，主要有颈环、耳标、烙印等，这些方法用于区分和识别牛只。

第二节　无线射频技术（RFID）

无线射频识别即射频识别技术（Radio Frequency Identification，RFID），也被称为电子标签，是非接触自动识别技术的一种，它通过非接触双向数据通信，利用无线射频方式对记录媒体（电子标签或射频卡）进行读写，其电子标签信号经射频天线接收传送至读写器，并存储于后端数据库，最终达到识别目标和数据交换的目的，它被认为是21世纪最具发展潜力的信息技术之一（李成渊，2016）。随着物联网技术不断进步，动物个体行为自动监测识别技术不断发展，无线射频识别技术（RFID）在畜牧业方面需求也在不断增加。国内畜禽的个体识别技术已经较为成熟，RFID技术目前是全世界范围内畜牧管理应用最成熟的技术（何东健等，2016），在动物养殖中可以集成在动物的耳标、项圈内应用。牲畜自动称重管理系统、产奶自动计量管理系统、畜产品溯源系统等多种牲畜饲养和管理系统都是以电子耳标的使用为前提和基础的。此外，这项技术也被广泛应用于个人身份识别证件、车辆追踪、公路自动收费、门禁管理、物料管理等各个领域，应用范围广泛。

一、RFID 技术概述

（一）RFID 系统构成以及工作流程

RFID 工作网络包含 RFID 电子标签、RFID 读写器、读写器天线、PC 端 4 个部分（图 2-4）。

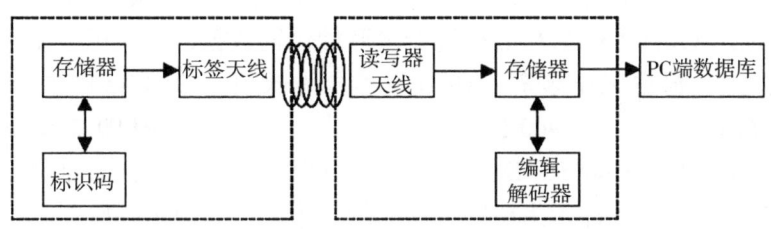

图 2-4　RFID 系统构成（黄孟选，2018）

RFID 系统中标签是数据载体，由标签天线和标签专用芯片构成，存储了物体的各种信息。读写器可分为固定式与手持式，一般使用固定式对动物个体行为进行识别监测；读写器通过天线与标签进行无线通信，可实现对标签识别码和内存数据的读写操作。读写器天线分为内置天线与外置天线，在畜牧业一般使用外置天线。RFID 技术主要工作流程：设计布置 RFID 天线节点，向周围环境中放射信号，携带 RFID 电子标签的物体进入天线放射信号范围，电子标签内置天线获取感应电流，芯片获得能量，将信息编码传送到读写器存储系统中，读写器通过解码获取电子标签，并将与标签相关的数据进行过滤、汇总、计算、分组，然后将数据内编码信息以有线或无线方式送至 PC 端存储（图 2-5）（黄孟选，2018）。在动物的识别与跟踪管理中，具体操作方法如下：在动物身上安装电子耳标，并写入代表该动物的 ID 代码，当动物进入固定式阅读器的识别范围，或者工作人员拿着手

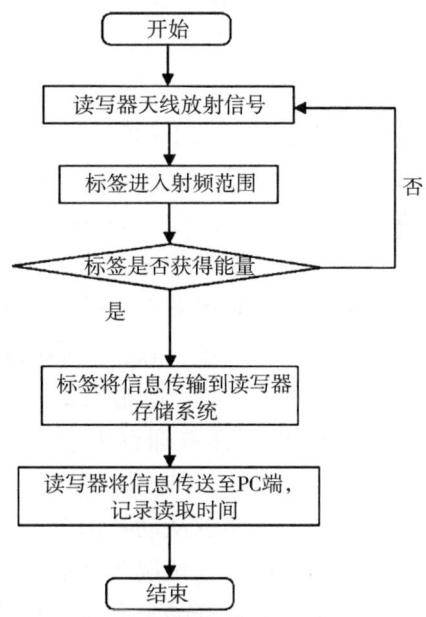

图 2-5　RFID 技术主要工作流程
（黄孟选，2018）

持式阅读器靠近动物时，阅读器就会自动将动物的数据信息识别出来，阅读器的数据传输到动物管理信息系统后，便可以实现对动物的跟踪（张海峰，2012）。

（二）RFID 技术的分类

根据通信方式，将电子标签分为主动、半主动、被动三类，RFID 技术现阶段主要应用被动电子标签（即无源电子标签），这种电子标签没有内部电源，接收到天线射频信号后获得能量开始传输数据，其体积小便于携带并且价格低廉。根据工作频率，RFID 技术分为低频（125 kHz）、高频（13.56 MHz）、超高频（860～960 MHz）3 种技术，目前低频 RFID 主要用于畜牧业管理动物信息，高频 RFID 技术较广泛应用于动物个体行为监测方面，上述两种技术在动物个体行为研究方面应用较为广泛，但主要应用于小群居动物个体身份识别，在多目标同时识别上存在技术缺陷。超高频 RFID 技术中，同一射频天线可同时读取多个标签，读取速度快，引入或改进相应算法可提高准确性，排除信号干扰，应用于大群体中动物个体采食、产蛋、活动等行为监测，目前正处于研究发展阶段，在行为监测方面具有很大潜力。

二、RFID 技术使用的优缺点

（一）优点

该技术需要电子标签和阅读器，耳标形式一般需要在动物耳部固定不同形状的电子标签，在阅读器可识别的范围内即可把电子标签中约定的动物个体信息读取出来。在平时的生产管理中，管理者只需携带一台手持终端，只需扫描牛羊电子耳标记录相关信息，省时省力轻松高效完成管理工作。RFID 技术基础功能是可获取个体信息的大量数据并按照时间戳顺序存储于数据库中，通过数据处理，数据挖掘以及数据融合可追踪目标个体运动情况，获取个体运动轨迹，对个体路径进行规划以及对个体行为做出判断。

RFID 电子标签拥有快速扫描、识别间距远、读取率高、防干扰能力较强、形状多样化等特点，并可以同时读取多头动物的数据并对动物个体信息进行编码，可实现从动物出生开始追踪其信息直到死亡。这些信息可以使养殖者对动物的生长情况与疾病监测提供精准与可追溯性管理，对确保食品质量与安全，追踪食品来源以及存活或屠宰潜在病态动物情况具有非常重要的作用。因此，这种非接触性识别系统可有效降低劳动力成本，可以有效精准地追踪动物个体信息。

（二）缺点

该方法成本比较高，同样需要给每个动物身体某部位进行标记或者佩戴标记装置。此外，还受阅读器距离的影响，无法实现较远距离实时识别。

三、动物常用电子标签类型

制定 RFID 标准是大规模应用的前提，关于 RFID 的国际标准有数十种，关于动物识别的主要是 ISO 11784 和 ISO 11785 标准，分别规定了动物识别的代码结构和技术准则。使每个动物的电子标签都有一个全球唯一的 64 位的识别代码。在畜牧业应用中，根据不同的使用规则和技术标准，通常把电子标签设计封装成不同的类型以适用于不同动物的跟踪识别（周元军，2007）。主要包括四大类型：药丸式、动物耳标、可注射玻璃标签、项圈（表 2-1）。电子耳标和药丸剂在肉羊生产中具有较大的应用潜力。

表 2-1 动物常用电子标签类型（张海峰，2012）

类型	特点	应用场合
项圈式	可移动性大，成本较高，很容易从一只动物换到另一只动物身上	厩栏中的自动饲料配给以及测定牛奶产量
耳标式	不仅存储的信息数据多，而且抗脏物、雨水和恶劣的环境，其性能大大优于条码耳牌	应用范围广泛
可注射式	用特殊工具将电子标签置于动物皮下，使躯体与标签建立固定联系，撤销这种联系需要手术	较少
药丸式	电子标签安放在耐酸的窗口中，通过动物食道放置于瘤胃内，不伤害动物	反刍动物，需全程记录动物各种详细信息的场合

（一）药丸剂

药丸剂是一种含有射频转发器的胶囊，其可以保留在反刍动物的前两个胃中任意一个，适用于早期（2～5 周龄和 5～6 kg 体重）生长期反刍动物的电子识别，并已被证明不会对动物的生产性能和胃造成负面影响，是较为安全的选择（Castro，2010）。

（二）动物耳标

动物耳标是含有 RFID 电子标签的耳标，可以钉在猪牛羊等动物的耳朵上（图 2-6）。

(三)可注射玻璃标签

通过注射器将含有电子标签的玻璃管注射在动物的体表层,在动物出生后便可应用,根据不同动物物种选择最优注射位置。此方法可以防止标签自身的损坏,防游走,可确保标识动物不被替换(图2-7)。

图2-6 LDI-D30A低频动物耳标

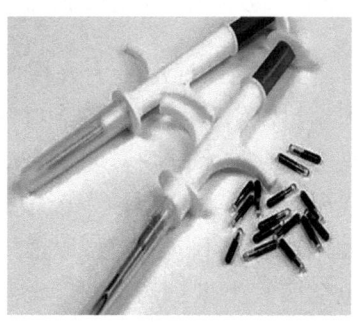

图2-7 低频植入式RFID标签

(四)项圈式电子标签

该种电子标签可移动性大,能够非常容易地从一头动物身上换到另一头动物身上,但标签的成本较高。主要用于厩栏中的自动饲料配给以及测定牛奶产量。

四、RFID技术进行动物个体识别在牛羊养殖中的应用

快速准确的个体识别不仅是奶制品和肉制品溯源的基础,也是动物生产性能记录体系和遗传改良体系最重要的组成部分。此外,在监测生物信息、动物智能盘点计数方面也有很好的应用潜力。实施个体身份识别,结合可穿戴式设备等采集其他生理信息建立全产业链质量追溯体系,将大幅提高劳动生产率、提高奶制品和肉制品的产量和质量,对改善消费者健康水平具有非常重要的意义。同时,也对加强畜牧业育种生产、有效的疾病防控和保险虚假索赔提供重要的信息,从而促进产业健康发展。下面对其应用情况进行具体阐述。

(一)遗传育种进行种畜繁殖登记

在育种场中,个体信息登记对育种工作尤为重要,登记内容主要包括品种(及代码)、场名(及代码)、个体号、出生日期、出生场、性别、父亲号、

母亲号和生产性能等信息。场内登记使每只种动物有一个合法的身份，保证每只种动物具有唯一的个体识别编码。以种羊为例，每个个体的编号由全国统一的种羊编号系统确定，该系统由24位字母和数字构成，即：场代码（15位）+品种代码（2位）+出生年度代码（2位）+场内顺序号代码（5位），一旦确定后，就不再变动。通过全国畜牧总站实施的《肉羊品种场内登记办法》和《肉羊性能测定技术规范》，羊只个体标示有耳标、条形码、电子识别标志等，技术人员保证种羊来源清楚、系谱完整，保证用于遗传评估的数据准确、可靠。父本母本代系清晰，避免近亲配种。母畜生产后通过扫描耳标详细记录畜主、产犊/羔日期、犊/羔耳号、犊/羔体尺测定数据、胎次，并上传到大数据平台保存，对今后母畜选留、淘汰有很大的作用。

（二）监测生物信息

监测畜禽行为，通过对数据分类处理，建立其行为模型，可实现对动物个体采食、饮水、产蛋、活动以及个体运动轨迹等行为识别监测，有利于统计动物的生长发育情况和生理、心理健康情况并对生产性能给予正确评价，判断异常行为和状态，从而采取相应解决措施，提高食品安全，减少经济损失。例如，根据情况合理制定日粮的饲料原料配比以及供给量是饲养管理的重要依据，有利于为动物的数字化管理提供保障。刘艳秋等（2016）将RFID身份识别技术与行走中自动称量结合，设计了活体羊体质量自动采集装置，可同时记录活体羊体重信息、身份信息，自动化程度高，同时避免与牲畜直接接触，提高牲畜的福利化水平，增加养殖效益。刘艺兵等（2005）构建了奶牛精细养殖数字化系统应用RFID技术对奶牛的个体行为进行了监测，分别在奶牛活动三个区域放置读写器并设置编号，一旦奶牛耳朵上放置的无源电子标签进入饲养区域后，标签将奶牛身份代码信息反射给读写器，并传输到后端管理库中，通过该牛每日进食数量和比例智能投放饲料。

（三）畜产品溯源

将RFID技术、无线传感器网络（WSN）技术和3G技术融合，能方便地建立基于物联网的牛羊管理平台。例如，青海省大通县种畜繁殖场采用了手持终端养殖溯源系统，将电子耳标佩戴到不同年龄段的牛羊耳朵上，通过一台无线手持终端，在2 m左右的范围内扫描所有佩戴电子耳标的牛羊，将牛羊的基本信息录入其中保存，并通过网络上传到后台电脑以报表的形式将死亡牛羊耳号、免疫情况耳号、兽药使用及疾病诊治牛羊耳号、出售牛羊耳号等逐一显示出来，并根据报表内容做相应的处理，从而将牛羊养殖档案电子化管理，直到出栏屠宰销售之前及时更新保存，销售后可将电子耳标条码转换成二维码贴于牛羊胴体，消费者便可以通过扫二维码来查找溯源（全七十六，2018）。

（四）动物智能盘点计数

RDIF 技术具有无须接触即可识别高速移动的目标的特点，无屏幕障碍阅读。佩戴 RFID 标签的目标经过阅读器时，标签与阅读器进行无线通信，快速精准地记录下目标物体的数量，提升工作效率，减少人为误差。例如，上海奇博自动化科技有限公司研究开发的牛羊云动物自动盘点计数管理系统，是通过 RFID 技术及物联网智能识别设备，配合养殖管理系统的使用的一种自动盘点方法，也是现在市场应用场景最广泛的盘点方式之一。不仅可以实现群体自动盘点、自动清点、自动计数、出栏回栏盘点等，还可以进行圈舍盘点、通道盘点、盘点报表生成等，另外还可以通过 RFID 标记动物编号，识别动物出生日期、品种、养殖户编号，实现动物生长追踪管理以及丢失管理。

第三节　非接触式牛羊个体识别技术

传统的牛个体身份识别需借助外部工具对身体某部位进行标记或者佩戴标记装置，识别方法具有侵入性，不仅严重影响日常行为，还可能引发安全隐患。而基于生物特征的非接触式识别可便捷快速地使用相机等拍照设备获得牛羊的相关图像数据进行识别分析。它可以利用动物独特而又稳定不变的生物特征，即不易被复制或盗窃、采取低成本、容易操作的方式进行识别，不仅可以提高动物福利，还可以帮助建立更可靠、更精确、更实用的识别系统，以提高牧场精细化管理水平并降低成本，有效减少对动物的刺激和物理伤害。奶牛个体识别研究方向主要侧重于可以表征奶牛个体差别的身体特征，例如奶牛叫声、牛只脸部特征、视网膜、虹膜，以及类似于人指纹的鼻部、嘴部纹理特征都可以作为奶牛个体识别的标签。对于单只动物的个体声音和视频采集是实现智能化识别的关键，由于奶牛和肉羊都是群居性动物，且单一的生物特征受各种因素的限制，如采集的声音中还混杂着外界的噪声。因此，基于生物特征信息的身份识别特征图像获取较难，很难满足个体识别实际应用的需求。非接触式个体识别技术实际应用成本很高，目前还在研究发展的阶段。下面将从基于不同类别的生物特征介绍非接触识别的具体方法。

一、基于视网膜的身份识别

Simon 等于 1935 年发现人眼具有独特的血管模式，每只眼睛都有不同的血管，视网膜血管模式在人类中是独一无二的。1978 年，Huntzinger 等在人类双胞胎中研究了视网膜脉管系统，证实了这一发现（Huntzinger et al., 1978）。因此，视网膜成像自 20 世纪 70 年代以来一直被美国海军用作安全通道扫描认证的手段。而视网膜图案也几乎存在于所有物种中，因此也被看作是适合用于生物个体识别的独特标志。Whittier 等（2003）通过人工观察对比视网膜血管的位置和数量等特征来确定牛个体身份。Rusk 等（2006）利用 Optibrand 公司为捕获牲畜视网膜图像设计的 OptiReader 设备捕获牛和羊的视网膜图像，邀请志愿者比较两幅图像的差异进行识别，结果表明，正确识别牛的概率可达 96.2%。但视网膜图案识别的缺点是如果因眼睛角膜受伤，识别将受到极大影响。

二、基于虹膜的身份识别

类似于人类虹膜，牛的虹膜也包含斑点、细丝、冠状、条纹、隐窝等形状特征，且组合方式自出生后便终生不会改变（盛大玮，2009），可作为个体鉴别的重要特征。眼科科学家 Flom 等在 1987 年首次提出利用虹膜自动识别身份（Flom，1987）；随后，1991 年美国洛斯阿莫斯国家实验室 Johnson 第一次开发了虹膜身份识别系统。牛眼虹膜识别的核心是虹膜定位和特征提取。Daugman 在 1993 年首先提出使用虹膜结合二维 Gabor 滤波器以调制虹膜相位信息，便于构建虹膜特征（Daugman，1993）。有学者也提出使用 SIFT 算法进行特征表示构建基于虹膜模式的牛个体识别，特征表示通常会随着图像的属性如强度、颜色和纹理特征改变，但研究中虹膜识别的局部特征是在图像多个点处计算的，因此不受图像比例和旋转的影响（Lowe，1999）。

三、基于鼻纹印的身份识别

牛鼻子区域有丰富浓郁的纹理特征，包含鼻子点的山脊以及表面的珠子特征，珠子图像特征是一组突出的纹理特征模式，由非均匀图像模式组成，脊部特征是均匀图像图案，类似于人类指纹图像的脊。利用鼻印识别牛的身份最早在 1922 年被 Petersen 首次发表，具体是将墨水喷洒到鼻子上并印在纸上（Petersen，1922）；Barry 等（2007）研究指出，牛个体的差异可关注其鼻子区域，个体的差异类似于人类指纹的差异。通过扫描印在纸张上的牛鼻印图像，Minagawa等（2002）应用滤波技术、二进制转换和形态学方法对牛鼻子区域进行特征提取和功能关键点匹配。

四、基于牛脸的身份识别

牛脸是个体最直接的外部可视信息，面部特征的差异性使牛脸得以作为个体身份的标识。2005年Kim等为调查图像处理技术是否可用于无花纹特征的牛个体识别，采集了12头日本和牛进食时的图像数据，计算其特征参数，输入联想记忆神经网络中进行学习，并变换图像亮度、扭曲度、噪声以及旋转角度以验证算法的健壮性。该方法证明使用牛脸图像识别牛个体是可行的，但该算法识别耗时长，不适用于运动中牛只的实时识别，可用于静止牛只的识别（Kim，2005）。Xia等（2012）提出一种基于局部二值模式（LBP）纹理特征的脸部描述模型，并使用主成分分析（PCA）结合稀疏编码分类（sparse representation classifier，SRC）对肉牛脸部图像进行识别。但识别时对采集的肉牛脸部图像位置和角度要求很高，因此，很难实现自动化识别。Cai等（2013）基于人脸识别方法提出了基于LBP改进后的牛脸模型，且由于光照变化、局部遮挡以及图像尺寸偏差的影响，使用稀疏和低秩分解对牛脸测试图像进行校准。该模型针对灰度牛脸图像，因此无法在真实的肉牛养殖环境中应用。这类方法前期工作量也较大，且只关注牛的正脸，在实际应用中自动采集数据较难实现。有学者将各种特征提取、特征降维方法与分类器模型结合，包括PCA、局部判别分析（LDA）分析对比了这些传统方法在牛脸识别应用中的结果（Kumar，2014，2015，2016）。

国内最近几年才开始进行牛脸识别研究。蔡骋等（2017）和宋肖肖（2017）针对真实生产环境下，牛场视频监控图像中存在的拍摄角度差异大、光照不均匀、牛脸局部有遮挡等问题，首先对采集的牛脸正面图像采用级联式检测器进行定位，利用监督式梯度下降算法（supervised descent method，SDM）、局部二值算法（local binary feature，LBF）和主动外观模型算法（fast active appearance model，FAAM）3种算法提取定位到的牛脸轮廓信息，验证了牛脸特征点检测的可行性和实用性。吕昌伟以荷斯坦奶牛为研究对象，针对牛脸识别提出增量识别框架，提出了一种增量识别算法框架，充分利用卷积神经网络特征可判别性好、迁移能力强，稀疏表示分类器矩阵运算速度快、追加特征容易等优点，实现了复杂环境下牛脸实时准确增量识别的目的（吕昌伟，2018）。姚礼垚等针对传统检测方法在牛脸检测应用方面存在的检测设备易损、检测结果不理想等问题，对比分析了目前有代表性的几种基于深度网络模型目标检测方法，分别用于牛脸识别，结果表明，对不同角度和不同光照下的牛脸检测准确率较高，说明检测模型能很好地适应角度和光照变化，但是对于遮挡和多牛脸信息的检测效果明显下降（姚礼垚，2019）。苟先太等（2019）针对多牛检测场景精度的需求，使用 Inception v2 替换 ZF 网络作为 Faster R-CNN 的基础网络，并且对非极大值抑制（non-maximum suppression，NMS）进行相应优化，牛脸识别模型召回率大幅提升。

自 20 世纪 60 年代起，基于生物特征中的人脸识别就一直是学术领域探讨和研究的热点问题，引起了很多生物学家以及计算机视觉与图像处理领域研究人员的兴趣。目前，人脸检测和识别已趋于成熟。由于人脸有结构化特征，五官部位的位置也较为稳定，便于识别。而牛脸有毛发和纹理变化等干扰因素，且图像采集更不可控，无法让牛自觉地将脸部较长时间稳定地静止在摄像头前。特别是在自然和野外的环境下，光照条件的变化、视角和距离的不同、复杂的背景、牛的运动等因素使图像采集更加困难。不理想的脸部图像会对模型训练和识别有负面影响。因此，相较于人脸识别，由于牛脸特征的复杂性以及各种环境因素的影响，当前牛脸识别未能在实际中普及应用。

因此，需要开展面向牛场真实养殖环境下个体身份识别的研究，建立同时适用牛场白天和晚上以及运动状态场景，拍摄像素差别大、光照不均匀、姿态多样、面部局部有遮挡等的牛脸识别模型，解决复杂背景下牛个体识别精度低以及动物福利差的问题，实现准确实时地获取牛个体信息，为畜产品质量追溯、疾病防控、验证农业保险假保险索赔以及奶牛育种监测和品种生产等提供重要的技术支撑，提高奶牛养殖的经济效益和生产效率，增强我国畜产品的核心竞争力。

五、基于深度学习的牛脸识别模型设计构思

根据国内外奶牛养殖个体身份研究发展现状，针对基于生物特征的牛脸识别，结合计算机视觉领域深度学习算法，参考人脸识别的最新研究进展，把握当前研究重点方法以及未来发展趋势。

牛脸识别模型的设计基于深度学习技术，主要包括数据采集、预处理、模型设计与训练几个环节。首先，采集大量不同牛只的脸部图像数据，确保数据的多样性，包括不同的光照、角度和背景等因素。其次，进行图像预处理，如裁剪、灰度化、归一化等，以提升模型训练的效果。模型设计部分，可选择基于卷积神经网络（CNN）的架构，如 ResNet、EfficientNet 等。这类

网络在处理图像特征提取方面表现优异，能够有效提取牛脸的关键特征。模型输出层可以设计为分类器，用于识别牛的个体身份。训练时，使用牛脸数据集，通过反向传播调整网络权重，采用交叉熵损失函数和 Adam 优化器。此外，加入数据增强和正则化技术，防止过拟合。最终，利用准确率、召回率等指标对模型性能进行评估，并通过迭代优化提升模型的泛化能力。

参考文献

蔡骋，宋肖肖，何进荣，2017. 基于计算机视觉的牛脸轮廓提取算法及实现 [J]. 农业工程学报，33(11):171–177.

丛思安，2020. 基于牛鼻纹理的牛个体识别技术研究 [D]. 北京：中央民族大学.

高建华，郎敬伟，2013. 动物免疫标识回收器制作与使用 [J]. 湖北畜牧兽医，34(1):89–91.

苟先太，黄巍，刘琪芬，2019. 一种基于改进 NMS 的牛脸检测方法 [J]. 计算机与现代化 (7):43–46+54.

何东健，刘冬，赵凯旋，2016. 精准畜牧业中动物信息智能感知与行为检测研究进展 [J]. 农业机械学报，47(5): 231–244.

黄孟选，李丽华，许利军，等，2018. RFID 技术在动物个体行为识别中的应用进展 [J]. 中国家禽，40(22):39–44.

李成渊，2016. 射频识别技术的应用与发展研究 [J]. 无线互联科技 (20):146–148.

李栋，2013. 中国奶牛养殖模式及其效率研究 [D]. 北京：中国农业科学院.

刘艳秋，武佩，杨建宁，等，2016. 活体羊自动称重装置 [P]. 内蒙古：CN205426306U, 08–03.

刘艺兵，李琦，王中华，2005. RFID 技术及其在奶牛精细养殖数字化系统中的应用研究 [J]. 宁夏农林科技 (3):3–5.

全七十六，2018. 手持终端养殖溯源系统在牛、羊养殖中的应用 [J]. 养殖与饲料 (12):26–27.

盛大玮，2010. 牛眼虹膜识别技术研究 [D]. 上海：华东师范大学.

宋肖肖，2017. 牛脸特征点检测的研究与实现 [D]. 杨凌：西北农林科技大学.

姚礼垚，熊浩，钟依健，等，2019. 基于深度网络模型的牛脸检测算法比较 [J]. 江苏大学学报（自然科学版），40(2):197–202.

张海峰，沈媛萍，2012. RFID 技术在动物识别与跟踪管理中的应用 [J]. 青海畜牧兽医杂志，42(3):36–38.

周元军，2007. 电子标签 (RFID) 在动物产品安全监控中的应用 [J]. 中国动物检疫 (3):13–14.

BARRY B, GONZALES-BARRON U A, MCDONNELL K, et al., 2007. Using muzzle pattern recognition as a biometric approach for cattle identification[J]. Transactions of the Asabe, 50(3):1073–1080.

CAI C, LI J, 2013.Cattle face recognition using local binary pattern descriptor [C]// Proceedings of 2013 Asia-Pacific Signal and Information Processing Association Annual Summit and Conference.IEEE:1-4.

CASTRO N, MARTIN D, CASTRO-ALONSO A, et al., 2010. Suitability of electronic mini-boluses for the early dentification of goat kids and effects on growth performance and development of the reticulorumen[J]. Journal of Animal Science, 88(10): 3464-3469.

DAUGMAN J G, 1993. High confidence visual recognition of persons by a test of statistical independence[J]. IEEE Transactions on Pattern Analysis and Machine Intelligence, 15(11):1148-1161.

FLOM L, SAFIR A, 1987. Iris recognition system:US4641349 [P].

HUNTZINGER R S, CHRISTIAN J C, 1978. The retinal blood vessel patterns in twins. Prog Clin Biol Res, 24: 241-246.

KIM H T, IKEDA Y, CHOI H L, 2005.The Identification of Japanese black cattle by their faces[J]. Asian Australasian Journal of Animal ences, 18(6):868-872.

KUMAR S, TIWARI S, SINGH S K, 2016. Face recognition of cattle: can it be done?[J]. Proceedings of the National Academy of Sciences India, 86(2):137-148.

KUMAR, SANTOSH and SINGH, SANJAY KUMAR, 2014. Biometric Recognition for Pet Animal[J]. Journal of Software Engineering and Applications, 7(5): 470-482.

KUMAR S, TIWARI S, SINGH S K, 2015. Face recognition for cattle [C]// Proceedings of 2015 Third

LOWE D G, 1999. Object recognition from local scale-invariant features[C]//Proc of IEEE International Conference on Computer Vision.

MINAGAWA H, FUJIMURA T, ICHIYANAGI M, et al., 2002. Identification of beef cattle by analyzing images of their muzzle patterns lifted on paper[J]. Dept. Agric. Eng. School of Veterinary Medicine and Animal Sciences, Kitasato University, Towada, Aomori 034-8628, Japan.

PETERSEN W E, 1922. The Identification of the Bovine by Means of Nose-Prints[J]. Journal of Dairy Science, 5: 249-258.

RUSK C P, BLOMEKE C R, BALSCHWEID M A, et al., 2006. An evaluation of retinal imaging technology for 4-H beef and sheep identification[J]. J. Extension, 44(5):1-33.

WHITTIER J C, DOUBET J, HENRICKSON D, et al., 2003. Biological considerations pertaining to use of the retinal vascular pattern for permanent identification of livestock [C]. American Society of Animal Science. Proceedings of ASAS Western Section Meeting. 339-344.

XIA M, CAI C, 2012. Cattle face recognition using sparse representation classifier[J]. ICIC Express Letters, Part B: Applications An International Journal of Research and Surveys, 3: 1499-1505.

第三章
牛羊生物行为信息的获取与监测技术

在传统的养殖业中，工作人员大多采取人工观察的方式来评估牲畜行为，且被证实有效可行。在实践操作中，人工观察需要评估者进行长时间的数据收集及具备足够的技术经验，存在工作效率低、培训成本高等问题。结合精准畜牧的发展趋势和应用需求，分析得出动物信息智能感知与行为监测未来将向无接触、高精度和高自动化程度方向发展。近年来，国内外学者以自动化精准养殖、提升动物福利为目标，呼吸监测、运动评分、体况评价及行为分析为重点开展研究（何东健等，2016）。动物个体信息的感知与分析是精准养殖的关键，只有准确、实时地获取动物的个体信息、呼吸状况、体态体况、运动状况等，才能对动物生长、健康状况和妊娠状态做出客观评价，并及时采取防治处理、人为介入等措施将损失降到最低（何东健等，2016）。此外，动物个体信息也为饲料选择、疫病机理与预防等相关科学研究提供数据支撑和客观指标。

计算机视觉或声传感器因其非接触、信息量大等特点已经成为研究热点，但用于动物行为检测与识别的研究才刚刚起步，精准养殖在猪、牛的研究中用于疾病的早期预防、生产性能的评估、日粮的精准控制、行为的实时监测、环境的控制等，目前的研究成果还局限于实验平台，很少形成商业产品。牛羊属精准畜牧养殖中的大型动物，其经济价值高，与人类营养、健康关系密切，是精准畜牧研究的重点领域之一（何东健，2016）。在肉羊领域中，相应的研究还处在初级阶段，虽然在发声、图像方面已经有一些探索，但是离将这些技术应用在舍饲养羊中进行监测和管理同样还有一段距离（张丽娜等，2019）。随着劳动力成本的成倍提高，以及信息新技术的丰富和普及，精准养羊将赢得更为广阔的发展空间。

第一节　牛羊行为的监测技术

动物行为通常是指动物的活动方式、饮食形式、声音情况以及表面上可以辨认的变化，是心理、生理健康状况的外在表现。牛和羊作为群居性动物，在群体中行为表现极为丰富，可以通过它们的行为表现来判断它们的当前状态。牛体型较大，体质强壮，群体内部具有一定的等级制度，通过眼睛观察同伴姿势、动作和面部表情来传达信息，也会通过不同的叫声和咆哮来传达信息（黄松图，2023）。羊体形较胖，身体丰满，体毛绵密，头短，具有很强的群居行为，通过头羊和群体内的优胜序列维系群体成员之间的活动。羊的嗅觉比视觉和听觉灵敏，靠嗅觉辨别饮水的清洁度，拒绝饮用污水、脏水。肉羊体型较大，运动空间广、关节多，相较于其他大型动物，更加柔韧灵活，体态多变，并伴有与心理相关的高级行为。感知动物的高级行为可为自动判定其健康状况，进行精准养殖提供依据，也可为动物福利、神经生理学、行为药理学等领域研究提供新的手段。随着养殖业集约化和规模化的快速发展，动物管理控制质量与福利化养殖要求不断提高，监测动物个体行为对预防疾病，改善动物福利状况越来越重要（汪开英等，2017）。基于牛、羊的特性，国内外学者以精准养殖、提升牛、羊群福利为目标，在牛、羊的生物信息监测方面开展了多项研究。

一、传感器监测技术

（一）传感器的类别和功能

传感器是实现信息收集、传输、存储等功能的基础元器件，用于畜牧养殖的穿戴式传感器主要分为运动传感器、生命体征传感器以及环境传感器等类型。本章主要介绍运动传感器，它主要用于监测被测对象的运动状态，可测量与运动相关的位移、速度、加速度等物理量。养殖场内动物的自由活动可能会引起动物个体、动物与动物之间、动物与环境的相互作用，从而对动物造成损伤、应激，甚至影响养殖场经济效益及可持续发展。Chung 等（2017）开发的穿戴式压阻式弯曲运动传感器，体积小、续航能力强，具有同时检测弯曲曲率和速度的功能；Degraff 等（2017）使用碳纳米管打印出柔性压力传感器，该传感器相比于传统的压力传感器灵敏度提升 70%，且具有极高的线性度，可更加精准地对动物行为进行监测。

（二）传感器监测技术与流程

传感器技术是指通过使用传感设备，将一些难以直接测量的数据转换为易测量信息（通常为电信号）输出的技术。通过传感器技术，可以实现多种数据的实时测量，为信息的集成创造了条件。目前利用传感器监测动物健康福利信息主要包括动物生理指标（体温、心率等）信息及行为（休息、散步、快走等）信息两类（图3-1）（陆明洲等，2012）。在动物计算机交互领域，人们越来越关注自动检测动物的行为和身体姿势，这将给动物福利带来好处，实现远程通信、福利评估、行为模式检测、交互和适应系统等。因此，使用传感器模块或传感器集成平台监测动物生理行为具有十分重要的意义（张小栓等，2019）。

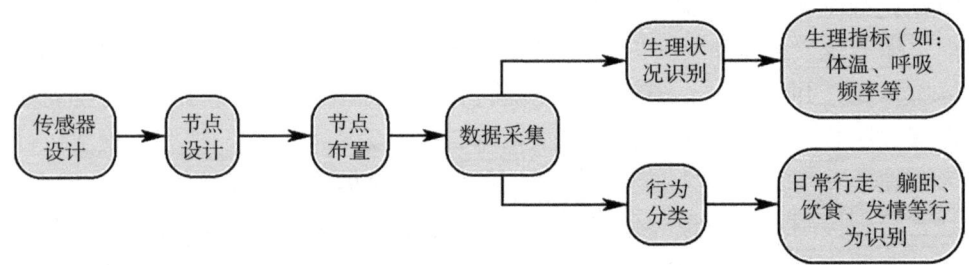

图3-1 传感器监测一般流程（汪开英，2017）

二、发情鉴定

（一）传统的发情鉴定方法

1. 牛、羊的发情特征

羊具有季节性繁殖的属性，一般在秋冬两季发情，但是人工选择使这种自然选择形成的属性发生了变化。如一些南方品种和国外品种被引进后，要适应当地生态条件，夏季和冬季都不进行配种，一般选择在凉爽的秋季配种。羊在繁殖季节内可以多次发情，即羊发情具有重复性。牛、羊在每个发情周期内，可分为发情前期、发情期、发情后期和间情期，这是发情的阶段性特征。牛的发情持续时间一般为21 d，发情后期持续时间一般为5～7 d；绵羊的发情持续时间一般为30 h左右，山羊24～38 h。一般在发情后期会出现卵泡破裂排卵，卵子在输卵管中能存活4～8 h，精卵结合最佳时间是24 h内。因此，在生产中要正确把握牛、羊的发情特征，掌握最佳排卵时间，适时进行配种或者人工授精，才能减少误配和漏配，提高受胎率（郭立宏等，2017）。

2. 牛羊发情的鉴定方法

（1）试情法

每天早晚各一次定时将试情公畜放入母畜群中，当发现试情公畜用鼻去嗅母畜，用蹄去挑逗母畜，爬跨到母畜背上，而母畜站立不动或主动接近公畜时，可判断该母畜是发情母畜。此时，要立即将发情母畜分离出来以备配种。肉牛每次试情的时间一般控制在 $3 \sim 8$ h，肉羊的每次试情的时间一般控制在 $0.5 \sim 1$ h（苏羊，2019）。

（2）外部观察法

这种方法主要是从观察母畜精神状态和外阴部变化来判断。有些羊品种（山羊尤为明显），母羊在发情时表现为兴奋不安，食欲减退，大声鸣叫，摇尾等；同时，外阴部及阴道充血、肿胀、松弛，并流出少量黏液（苏羊，2019）。

（3）阴道检查法

这种方法是通过开膣器检查母羊阴道黏膜、分泌物和子宫颈口的变化来判断其发情情况。阴道检查时，先将母畜保定好，洗净外阴，再把开膣器清洗、消毒、涂上润滑剂。配种员手持开膣器，闭合前端，缓慢从母畜阴户口插入，轻轻打开前端，用手电筒检查阴道内部变化。当发现阴道黏膜充血、红色、表面光亮湿润、有透明黏液渗出，子宫颈充血、松弛、开张、有黏液流出时，即可定为发情。

（二）智慧化的发情鉴定方法

利用信息化手段进行发情鉴定可以及时、准确地检测出动物的发情行为，可在最合适的时间实施人工授精，从而降低产犊间隔及受精成本。目前智慧化发情鉴定技术研发主要集中在奶牛和猪上，依靠动物在发情期攀爬、运动量增大、采食量减小等特征行为进行判定。检测方法可分为基于电子计步器和加速度仪检测、攀爬行为检测、声学检测及计算机视觉检测等方法。

1. 电子计步器、加速度仪检测

研究发现奶牛在发情前 80 h 活动量开始明显增加，由此，在动物四肢、脖颈等位置安装电子计步器，自动、实时地量化评估动物的活动量，以判断是否发情。有研究对该方法的有效性进行了验证，结果表明，有效检测率超过 92%（Arney et al., 1994）。然而，有研究利用该方法的有效检测率为

52%～92%，说明饲养密集度、温度、跛行会降低该方法的准确性（Feltonc et al.，2012）。

2. 攀爬行为检测

攀爬是发情期最明显的行为（Sakaguchi et al.，2007）。依此已开发出部分检测设备，将此类设备安装于动物尾部，当发生攀爬行为时可触发内置压力传感器报警。然而，研究发现，超过50%的发情奶牛并无攀爬行为，且在规模较小的养殖场中，多头牛同时发情的概率也很小，这些因素限制了该方法广泛应用（Eerdenburg et al.，2002）。

3. 声学检测

研究发现动物叫声包含疼痛、发情、离乳、饥渴等情绪，甚至个体身份等丰富的信息，能反映其身体、生理状况（Ikeda et al.，2008）。Yajuvendra 等（2013）分析了一群混养牛的叫声信号，建立了具有个体显著性差异的多个声学特征，从理论上证明了声学特征可作为"指示器"。Chung 等（2013）提出一种数据挖掘算法用于奶牛发情检测，该算法从奶牛叫声中提取梅尔频率倒谱系数，并使用 SVDD（Support vector data description）进行早期异常检测，该方法准确性大于94%，且系统成本低，可实现无接触、实时检测。

4. 计算机视觉监测

现代化养殖业向规模化、自动化方向发展，传统人工巡视已无法满足实际需求，借助计算机视觉将观察指标量化，对动物行为进行智能理解成为新的发展方向（Van et al.，2006）。在计算机视觉监测中，目标分割方法、行为特征提取及行为识别方法是关键技术。Tsai 等（2014）考虑到奶牛的群居习性，采用顶视摄像机，开发出基于计算机视觉的发情检测辅助系统，解决了自然环境下目标分割问题，提出攀爬行为特征提取方法，将疑似视频段分割出来供饲养员查验，从而大大减少了工作量，实验结果表明，该系统的假阳性率为0.33%。Del 等（2006）在奶牛尾部着色，由于奶牛攀爬行为会改变颜料形状或擦除颜料，因此用图像识别算法可自动判断颜料形状变化，并依此自动检测发情行为。

三、反刍和摄食行为监测

反刍活动是反映瘤胃健康的重要指标（Chen et al.，2017）。牛、羊属大型家畜，其精细动作，例如反刍行为，可作为其健康状况的分析依据。羊每天反刍时间约为8 h，分4～8次，每次40～70 min，一旦反刍停滞则多为牛、羊的健康出现了问题。这种行为在姿态上的特征变化并不明显，仅伴随着嘴部的细微运动，所以需要特定的方法来识别这些行为。

近年来，国外关于反刍牲畜研究的一系列的科研成果成功应用于生产，例如 Milone 等（2009）提出了一种新的方法来自动分析和识别山羊的咀嚼行为和撕咬行为的声音信号，该方法基于隐马尔可夫模型采用声学表示和统计建模，对于山羊的摄食行为产生的声音自动进行分割和分类。结果显示，对于咀嚼事件的识别获得了 82% 的总体性能。Clapham 等（2011）用声学模型来分类和量化牛自由放牧采食活动的录音和分析系统，获得了 95% 的咀嚼事件匹配率。Milone 等（2009）开发了一个自动识别工具，该工具可以将牛进食的声音解码成咀嚼事件。通过在牲畜的前额上放置麦克风记录正常和非正常的放牧行为产生的声音，该方法同样是用隐马尔可夫模型作为基本算法，实验证明该方法已经成功地用于牛的声音信号分类，实验采用了不同的高度的饲料，最后获得的效果分别为：高苜蓿的识别成功率为 83.95%，短苜蓿的识别成功率为 65.33%，高羊茅的识别成功率为 84.68%，短羊茅的识别成功率为 83.68%。宋怀波等（2018）从奶牛的反刍视频帧序列中求取每帧图像的光流场数据，再将各帧图像中较大的光流数据叠加，以实现多目标奶牛嘴部区域的自动检测，为识别奶牛的反刍行为提供了技术基础。Galli 等（2011）通过放置在母羊前额上的无线麦克风记录咬合和咀嚼声，连接到数字摄像机以同步录制摄食行为的音频和视频，实现对放牧绵羊摄食行为的声学监测，探究影响摄食速率的决定因素以及估计干物质摄入量（DMI），该研究表明，咀嚼总能量是一个精确且一致的过程，可用于估算摄入量的数量，摄食声包含有价值的信息可以预测并远程监控动物的摄食情况，还需要进一步处理的工作声音信号并开发录音系统用于估计每日摄入量。

四、饮水检测

除采食行为外，饮水行为也能反映牛、羊的健康状况，并且与养殖业的生产效率密切相关。研究表明，动物体内水量的不足会导致生长发育速度的下降（Kruse et al.，2011），尤其是羊只体内缺水会使其新陈代谢受阻，消化不良、采食量下降，减弱了对食物的消化吸收能力及生长发育速度。同时，也会使动物的免疫能力、抵抗能力降低，导致发病率下降，从而引起动物的大批量死亡（孙小慧，2016），因此，识别牲畜的饮水行为和饮水频率具有十分重要的意义。

近年来，对动物产前饮水行为监测的研究中，最原始的监测方法多采用人工的方式进行观测。但随着科技的发展，闫丽等（2016）和陆明洲等（2013）将RFID技术与流量计相结合对动物饮水行为进行监测，此方法虽然解决了人工劳作表现出的主观性强、耗费人力、监测不准确等缺点，同时也带来了其他问题，即射频技术中的距离问题、数据碰撞及外界环境的干扰问题等。采用流量计的方法虽然实现了自动化监测，但同样存在许多弊端，在实际应用中，多是在主管道上安装一个流量计，对动物的总饮水量进行监测。此外，高精度的流量计价格比较昂贵，实现动物个体饮水行为的监测则需要投入大量的成本（刘艳秋，2017）。刘艳秋（2017）还利用红外传感技术与无线传感网络相结合的方法，设计了操作简单、易于实现的母羊产前饮水行为监测装置，以实现连续获取孕期母羊的饮水行为变化规律，该方法结合两种方法的优缺点，充分起到了饮水检测的作用。

五、运动监测

牲畜的基本运动行为识别在检测牲畜健康和福利状态方面起着重要作用。通过观察牲畜基本活动的变化，可以预测和评估发情、产犊和疾病等行为。鉴于运动行为与牲畜的姿态有较高的相关性，许多研究者致力于探索牲畜的姿态特征，以识别其基本运动行为。

何东健等（2016）提取不同姿态下犊牛的跛行和轮廓特征，并采用基于结构相似的犊牛行为序列快速聚类算法来识别犊牛的卧躺、站立、行走和跑跳等行为。温长吉等（2014）提取目标的时空兴趣点并将特征构建到视觉词典中，基于视觉词典训练分类器以识别视频中母牛的行走、卧躺和回看腹部行为。近年来，研究人员对采用深度学习目标检测方法识别牲畜行为越来越感兴趣，因为它可以从图像中获取丰富的目标信息，无须手动处理图像特征即可对目标进行分类。

Nadimi等（2012）采用基于ZigBee的移动ad-hoc无线传感器网络和人工神经网络的测量行为参数，以多层感知器（MLP）为基础的人工神经网络模型来监测和分类牲畜行为，把牲畜行为分别分为五类（采食、躺、走、站立、其他）和两类（采食、躺下），分别获得了平均76.2%和83.5%的识别正确率。郭冬冬等（2017）提出将三轴加速度传感器部署在山羊羊角处来对山羊的躺卧、站立、慢走、采食、跨跳等典型日常行为进行监测，以K-means快速聚类分析算法为核心聚类算法对采集的山羊典型日常行为数据进行分类识别，结果该算法对山羊典型日常行为平均识别率达到87.76%，为半封闭圈养的波尔山羊福利及疾病预测模型的建立奠定了数据基础。张曦宇等（2017）

为解决种公羊运动行为的识别依赖饲养员耗时费力的问题,设计一种基于公羊运动行为识别系统,提出利用不同运动行为加速度数据的幅值特点。Mathie 等(2013)采用区间阈值分类方法对种公羊的运动行为进行分类,即将种公羊运动行为的识别与分类通过一个阈值区间判别器来实现,当加速度信号经过一个判决器,通过与区阈值进行匹配,将运动行为分为静立、行走、奔跑3类,判决器中3种行为阈值区间的选择经过反复测试来确定。对于背部靠近前腿处部署方案,不同行为的加速度信号波动幅值存在明显差异,该研究可以实现对公羊运动行为较好的识别分类(Mathie et al., 2003)。

六、总结与展望

行为智能检测设备的最终目标是服务于养殖生产,因此对设备投入使用所产生的经济效益进行研究也尤为重要。在收集牧场信息(如动物数量、产量、年收益、目标收益、员工数量等)基础上,结合设备所能提供的动物行为信息,建立产量及成本预测模型,并以此进行经济效益评估,为智能行为检测设备的推广提供数据支撑和科学依据,有利于智能检测设备的市场化,并建立研究成果转化的良性循环。

第二节　牛羊健康的监测技术

牛、羊的健康直接关系到养殖经济效益、动物福利和食品安全,因此对牛、羊的健康进行实时监测具有重要意义。从广义上来说,牛、羊健康可分为生理健康和情绪健康,生理健康主要针对牛羊身体发育以及疾病状况,而情绪健康主要关注牛羊的福利状况。国内外对肉羊生理健康的监测主要是通过传感器等信息采集传输设备,将羊作为个体或小群体进行管理,从而获取羊只体温、心率、呼吸频率、运动量、情绪等资料,借助于体况评分和健康指数,运用均值聚类算法、主成分分析法、神经网络算法、遗传算法和特征元素法等提取特征参数信息,建立生理特征与机体健康程度之间的关系模型,并应用个体自动识别技术(如 RFID 技术)、大数据技术、专家决策技术等建立牛羊的健康预警系统。动物情绪和心理状况的评价是动物福利研究的一个重要方面。在牛羊情绪健康的评估中,心率和发声是反映情绪效价和唤醒程度的两个重要指标。与此同时,应重点研究牛羊情绪健康与生理特征之间的关系,内部的生理特征不易采集和实现自动监测,需通过外在的生理体征,如声音和行为特征变化，开发相应的智能采集装备和识别系统。

一、生长状况评估及体况评价

随着饲料成本的上涨，饲料成本占据总成本的60%～70%（张小雪，2019）。其中超过10%的饲料因过量喂食、管理不当而浪费。过量喂食导致动物体脂过高，影响肉质；营养不良会导致生长过慢、生产效率降低。当前，评价羊生长状况的主要手段是称重和目测，通过定期称重能够精确地计算其生长速度和饲料利用情况等，但是该方法费时费力且影响羊只生长，采食后或怀孕时应用该方法也不准确；目测则可能受羊的被毛长度等的影响，也存在误差。规模化牛场、羊场可通过对不同阶段的动物体况进行量化和数据评价，以确定不同时期的适宜体况，为今后牛群、羊群整体的生长、生产和繁育等打下基础，从而确定相应的营养和管理策略。因此，建立"喂食—生长评估—饲料调整"的科学养殖体制是提高品质、降低成本的必要措施，准确评估动物个体生长状况对动物健康具有重要意义。生长状况评估包括体重测量、体脂测定，生长发育状况评估、体况评分等。这些参数的测量在经历人工测量、计算机辅助测量阶段后，向基于图像分析和机器视觉的全自动化方向发展。

（一）体重测量

由于个体差异，动物个体质量无法直接反映其生长状态，但体重随时间的变化趋势却体现了动物的健康情况。羊重量是育肥羊饲养的直接目标，而重量一般在早晨空腹进行，用台秤或磅秤测得其重量。对于牛来说，传统方式采用平衡称重，将牛和石头分别放在两边进行称重。对于羊来说，传统的称重方法是将羊蹄绑起来，然后放在秤上称；或抱着羊称，然后减去自身质量；或挂称。上述测量方式工作量大、效率低、牛和羊的应激反应大，存在人与牛、羊的直接接触，并且对牛群、羊只保定困难，为此包鹏甲等（2014）设计了专门的保定装置。规模化设施养羊成为趋势，以提高测量效率、节约劳动力为目的的行走中称量设备正被采用，设备以限位通道、称重传感器及计算机处理软件相结合实现体质量自动称量。刘艳秋等（2016）将RFID身份识别技术与行走中自动称量结合，设计了活体羊体质量自动采集装置，可同时记录活体羊体重信息、身份信息，同时避免与牲畜直接接触，实现活体羊自动、福利化体质量测量。由于羊通常协同游走，行进中前后相继，这样的生活习性使得羊只极易相随，此技术仍需要人为引导，常采用特定体位限制装置，并设计狭窄、封闭过道，以使羊以单列方式依次进入测量系统。这也引发了一些问题，如当发生彼此相随时，在自动化测量模式下，容易发生两只羊同时进入体位限制装置，或后羊被夹在入口门禁处；RFID 阅读器同时检测到两个或两个以上的信源时，无法正确识别个体。因此，在实测时需要操作员在入口处人为干预。研发有效、安全的羊只"分拣"装置是准确、高效、智能地获取"个体"羊信息的基础（张丽娜，2019）。

（二）体脂测定

1. 传统的体脂测定方法

体脂测定对牲畜品质优化、遗传选择具有重要意义。传统方法为超声波测脂法，背部脂肪是覆盖在躯干部的皮下脂肪，位于臀中肌和背最长肌之上。用超声波评估背脂肪厚度（BFT）是最普遍的，它具有快速、简单易学和对动物无伤害等优点。一个便携式的超声发生器带有一个线性换能器，频率为 5～7.5 MHz。接触皮肤的线性换能器需要用 70%～80% 的酒精擦拭。在压力晶体的作用下，超声波传递电脉冲达到高频率音波。音波的频率随组织密度的不同而不同，在超声波测量时，图像中可以看见皮肤、筋膜和脂肪组织。测定时必须将超声装置轻轻地挨着皮肤，并呈直角，因为脂肪在压力的作用下会被压缩。此方法可以精确到毫米，监测到体况评分不能发觉的微量变化，可以将此技术应用于动物生长的不同阶段，以更好地监测能量储备与平衡情况，及时调整饲料配方，让动物保持最佳体况，达到健康、高产的效果（谭正英，2008）。但超声成像依然无法实现无接触式测量，基于光学原理的计算机视觉技术在活体动物体尺测量中越来越被重视和使用。

2. 基于机器视觉技术的体脂测定方法

机器视觉技术越来越多地被用于体脂测量，主要通过测量颈、肋、尾沟等处的身体尺寸并进行回归分析来估计体脂含量（Lambe，2008，2009）。

（三）体况评分

与称重相比，体况评分（Body condition score，BCS）不需要辅助工具，简单易行，可应用于生产管理和科研结果的描述，用来评价牛、羊的日粮利用效率、饲养管理是否存在问题、体重估测及体脂肪沉积量等，出现问题及时纠正、调节饲料的营养成分和饲喂量。在生产实践中针对牛、羊等的体况评分及其影响因素已有成熟的理论分析。BCS 体况评分可以合理、准确评估动物个体的能量储备，是国际畜牧产业近 30 年来总结出的最优评价体系。

BCS能够客观地反映动物个体的饮食状况、产奶能力、繁殖能力、健康以及福利水平，甚至影响到未出生幼仔未来的生产力。牛、羊的体况评分系统是基于胸骨、脊柱和腰椎（眼肌）周围的脂肪和肌肉厚度来评价牛、羊只体况，主要是反映牛群、羊群机体能量状态。体况评分常用5分制，1分最瘦，5分最肥。羊只体况根据生理状况通常发生一系列变化，最适体况也不一样：如配种时母羊的最佳体况评分为3～3.5分，2.75～3.75分也可以接受，如果超过了4分，出现不孕的概率就会增大；妊娠后期母羊过肥，可能发生妊娠毒血症。

1. 人工进行体况评分的方法

体况评分主要依靠手部按压脊柱（椎骨棘突和腰椎横突）和眼肌上的脂肪覆盖程度和肌肉丰满程度结合视觉来综合判定。评定时先用手指按压腰椎评定棘突的突出程度，再用两指挤压腰椎两侧评定横突的突出程度，然后用手指伸到最后几个腰椎横突下判定肌肉和脂肪组织的厚度，最后评定棘突与横突间眼肌的丰满度（表3-1，图3-2）。值得注意的是，即使是相同月龄的羊也可能有不同评分，评分时一般对相同月龄的同群羊单只判定后再做整体评定；不同评定人员的评分可能不同，体况评分时应取3个人评分的均值；不同品种的羊使用的评分标准也不一样，如陶赛特羊的评分标准不能用于小尾寒羊，要根据具体情况，列出相应的标准。此外，还应结合其他指标如被毛光亮度、肷窝深度等来判断羊只的体况是否处于正常状态来酌情加减分值，如被毛光亮、肷窝较浅，表明该羊的营养状况较好；被毛无光泽、粗乱，肷窝较深，表明羊的营养状况较差。

表3-1　不同体况羊只的评分描述

分数	评价	羊只表现
1分	特别消瘦	羊只瘦弱，脊骨突出明显，用手触压肋骨、脊骨和腰椎周围时感觉不到脂肪的沉积，感觉被皮特别薄，皮下覆盖薄薄的肌肉
2分	较瘦	相对较瘦，脊骨突出，用手触压肋骨、脊骨和腰椎周围时感觉到薄薄的脂肪沉积，皮下的肌肉厚于体现为1分的羊
3分	正常	脊骨不突出，用手轻压肋骨、脊骨和腰椎周围就能感到脂肪沉积，皮下的肌肉中等厚，有弹性
4分	肥胖	看不到脊骨，脊椎区显得浑圆、平滑，用手轻压肋骨、脊骨和腰椎周围就能感到脂肪沉积，皮下的肌肉层丰满，用力压才能区分单独的肋骨
5分	过肥	肋骨、脊骨和腰椎的骨骼结构不明显，皮下脂肪堆积非常多

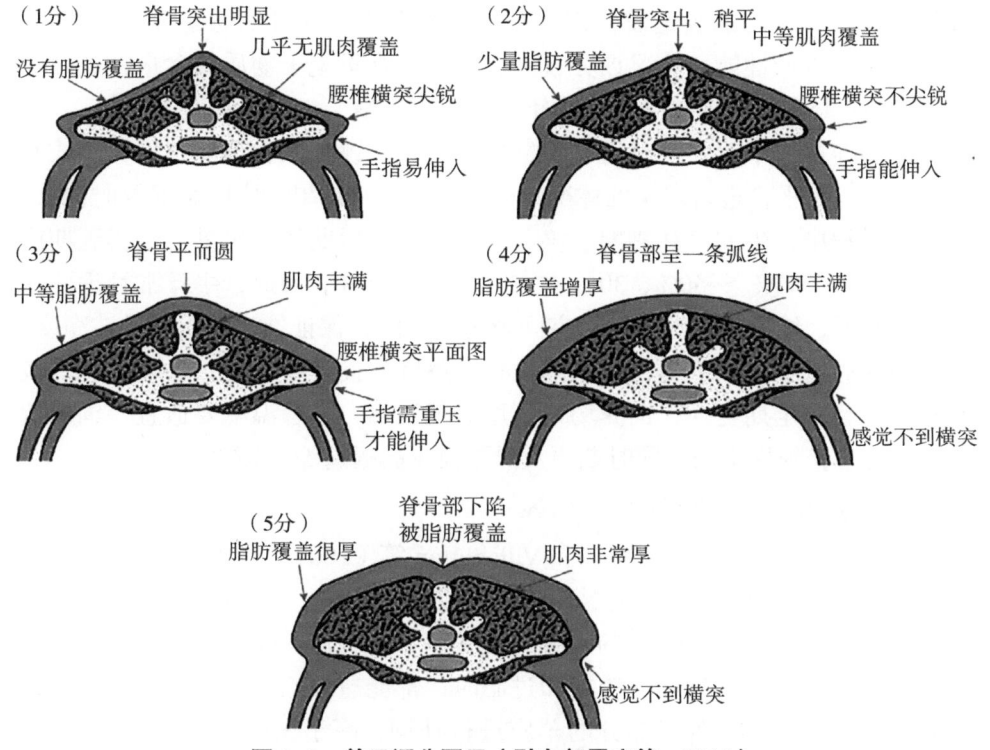

图 3-2 羊只评分图示（引自郭勇庆等，2014）

2. 自动化体况评分

然而，实际应用仍处于人工评价阶段，成本过高且主观性强，自动化检测方法才刚刚起步，将 BCS 引入牧场管理中适用难度较大。因此，基于图像处理、计算机视觉的自动化体况评分系统逐渐成为近期研究热点（何东健等，2016）。在自动化体态评分系统中，动物轮廓信息的精准分割最为关键（刘冬等，2016）。Vieira 等（2015）用标准模板匹配的方法研究了山羊的体况评分方法，但由于山羊毛发影响较大，依然需要人工调整关键点。

3. 体况评分管理对牛群健康和性能的影响及管理措施

不同国家对于牛群的体况评分标准不同，不同国家采取的都有所不同。我国采取美国 5 分制的五部位综合评分法的评分标准。牛群体况评分一般分为 1～5 分五个等级，是视觉和触觉相结合的评估。在体况管理过程中，体况是牛群能否具有良好的生殖机能和繁殖能力的重要因素，对奶牛的体脂状态和能量平衡起着至关重要的作用。体况评分过高会引起难产、胚胎死亡等问题；评分过低会对其生殖性能造成严重影响。体况的改变会对其机体代谢产生一定的影响，体况评分过高会增加患酮病的风险；评分过低会引起体脂大量损失，严重的话会造成代谢紊乱。泌乳性能不仅对牛的健康至关重要，还会影响其生产性能。体况评分过高会影响泌乳早期干物质采食量，进而影响泌乳量；体况评分过低会免疫力不佳，出现乏情，初情期延迟等问题。

在饲养过程中，要及时通过牛群的整体状况评分来合理规划饲养模式和饲料的营养水平，进行定期的体况评分，根据所得结果和实际状况及时调整。在养殖过程中，牛的泌乳盛期、泌乳中期、泌乳后期的产奶量占全泌乳期产奶量分别为：45%～50%、30%左右、20%～25%。因此，牛日常管理要注意饲养密度，给予牛足够的活动空间及卧床空间；保证饮水的温度及洁净度，以免造成腹泻引发流产等；卧床的位置、厚度的设计要合理；垫草要选择较舒适的，且要定期更换；饲养场地及用具要消毒，牛舍温度要适宜，饲料营养搭配合理，根据牛的不同时期要及时更换（高丽娟等，2022）。

4. 不同评分羊只的不同管理措施

根据 Thompson 等（1990）和 Villaquiran 等（2007）对各阶段羊的推荐体况评分值，结合实际生产情况，管理措施总结如下。

（1）配种期种羊：母羊的目标分值为 3～3.5 分，目的是保持适当体况促进发情排卵。当羊只体况较差和过肥时，都能造成乏情。此时，应将母羊根据体况进行分群，低于 3 分的羊应进行补饲；高于 3.5 分的羊应调整日粮配比和饲喂量，使其控制在合适的体况下进行配种。配种公羊的目标分值为 3.25～3.75，以保证精力充沛和良好精液质量。种公羊要单独圈养，配种期内公羊要远离母羊，控制在母羊圈内的时间。配种期供给充足的全价饲料，当低于 3.25 分时，减少与配次数，增加休息时间，并补充牛奶和胡萝卜等；高于 3.75 分时应加强运动，适当降低精料饲喂量（郭勇庆等，2014）。

（2）产前母羊：目标分值为 3.25～3.75 分。目的是保证怀孕后期母羊拥有充足的但不过剩的身体脂肪储备情况下顺利产羔和泌乳。低于 3.25 分时，母羊在干奶期如果能量供应不足，可能会造成产后过早动用体内储备，引起泌乳量不足，影响羔羊生长。高于 3.75 分时表明在怀孕后期能量摄入量过高，造成皮下脂肪沉淀过多，产后容易发生一些代谢病，如妊娠毒血症等（郭勇庆等，2014）。

（3）产后母羊：泌乳初期目标分值为 2～2.5 分。母羊分娩后，如果饲喂存在问题，加上泌乳需要，机体脂肪开始大量动员，体况评分开始下降，可影响泌乳。如果体况低于 2 分，其机体抵抗力降低，很容易感染疾病，出现代谢异常和繁殖障碍，从而降低了生长速度或产奶量；过肥则可能降低奶产量。泌乳中后期目标分值为 2.75～3.25 分，此时，羔羊还未断奶，适当的体况能保证羔羊的正常生长,并为断奶后配种做准备(郭勇庆等,2014)。

(4)其他:羊群整体的体况反映了营养、健康和管理状况,可以将不同时期的羊只体况作为评定标准,以提高生产性能,降低损失。可用体况评分来管理羊群中过瘦或过肥的羊只。对于过瘦的羊只(低于2分),除营养因素外,应首先考虑寄生虫病(线虫、绦虫和吸虫等)和胃肠道疾病(瓣胃阻塞、食入异物等),找出病因治疗后再适当补饲;对于过肥的羊(高于4分),尤其是种公羊和后备母羊,应适当限饲精饲料。此外,体况评分还可被用于科研试验中羊只体况的描述,用于评价营养试验的羊只肥瘦程度及体况评分和繁殖性能相关关系等方面的研究(郭勇庆等,2014)。

(四)体尺测量

体尺参数是评价牛、羊生长状况的重要指标,它们的体长、体高、臀高等参数与体质量呈正相关,可利用体尺估测羊体重。牛群的体尺测量一般使用皮尺进行测量,羊只体尺测量是通过手杖、卷尺等专用测量器具对羊只体躯不同部位进行的测量工作,包括高度、宽度、长度、管围等。体尺测量可以检查和研究牛、羊只生长发育及品种特性。对肉用羊,还可估测其产肉力。体尺测量时要求羊站立在平坦的地方,左右两侧的前后肢在同一直线上,前后的左右肢在同一直线上,头自然前伸,一人固定羊,另一人进行测量并记录。对于体型较大、身体丰满、体毛绵密、具有很强的群居行为、胆小易惊的羊,这样的测量方式,不仅羊的保定困难,测量工作量大,而且需要人与羊体直接接触,羊的应激反应大,对羊尤其是孕产母羊产生严重的不良影响,如生产性能下降、发病,甚至死亡,影响个体羊及羊群的生长发育。另外,人与羊的直接接触,也增加了人畜共患病的传播概率。实现无应激测量是羊养殖过程中亟须解决的重要问题,机器视觉技术的发展,为动物的测量提供了一种新型的工具。通过摄像头获取视频及图像数据,利用一系列的图像处理手段,可以实现目标物尺寸和面积等的测量。

国内外利用视觉技术对动物体尺参数的研究主要包含以下几个方面:针对不同品种的羊开发双目视觉系统及体况评分系统,研究羊体尺参数测量及体重预估模型;利用单目摄像机研究开发羊体的无应激测量系统(江杰等,2015);基于双目或多目立体视觉探讨牛、猪体尺参数测量、体重预估以及三维重构(薛广顺,2015;冯恬,2014)。在羊体尺测量中,多采用单目视觉,无法保证每幅图像都是羊体形态的正投影,给后续测量与分析带来不可避免的误差。双目立体视觉测量运用于数字图像三维测量中,具有快速性和准确性,并能真实再现物体的三维结构。

周艳青等（2018）采用多尺度 Retinex 算法、GraphCut 算法和羊体尺测点识别相结合的方法，基于双目视觉检测原理对羊体尺参数的无接触测量进行研究。试验证明带色彩恢复的多尺度 Retinex 算法能增强羊图像亮度和色度，包络线分析方法能准确地识别体尺测点，算法稳定，能够实现饲养过程中羊体尺参数的无接触测量。江杰等（2015）采用辅助标识法羊体提取背部轮廓曲线，采用 D-P 算法和海伦—秦九绍公式寻找曲线曲率最大的点作为臀部测点，再分析轮廓曲线特征信息，提取关键帧，在关键帧的基础上，寻找肩胛点，结合空间分辨率计算出羊体体尺参数。实验结果表明，可以准确提取关键帧，体尺测量平均误差不超过 3%。张丽娜（2017）提出采用结构化限位装置及机器视觉技术的无接触肉羊生长参数测量方法以及基于跨视角机器视觉的羊只形态参数无应激测量系统，在获取丰富体尺参数的同时，提高数据获取的自动化程度，以用于羊只实时生长监测，推动精准、福利化设施养羊。曾德斌等（2018）提出一种基于机器视觉的无应激反应羊只体尺测量方法，包括图像预处理、图像分割、对获取到的样本轮廓进行羊体体测点提取，识别其体测点，实现羊体体长、体高的测量并完成体质量估测，体长测量的平均相对误差均小于 1%，相关系数为 0.9997，用体长与体质量的关系拟合出估测体质量的关系方程。近年来，三维点云技术快速发展，郭浩等（2014）提出双深度摄像头动物实时三维重建系统，该系统以 15 帧/s 的速度重建猪体全身，获取误差在 4% 以内的体尺信息，达到农业上动物体尺测量的一般要求，该系统可用于动物体尺测量。

二、跛行检测与肢蹄运动评分

有蹄动物由于遗传、病原微生物、营养、环境、管理等多种因素容易诱发蹄间皮肤和软组织腐败、恶臭、真皮坏死与化脓、角质溶解，导致肢蹄疼痛、跛行等症状，称为肢蹄病。若不及时发现治疗将造成过早淘汰，影响经济效益。为了检测群体中患病个体的数量和病患程度，常采用一系列指标建立评分系统，评价肢蹄相关的系统包含：运动评分、肘关节和膝关节病变评分。上述评分系统最先应用于人工目视对奶牛进行运动评分。近年来，自动化跛行检测受到人们的重视，以该评分方法为基础，许多技术被用于提取关键的跛行信息，例如：力学平台、加速度计、图像处理和机器视觉等。总体技术路线通常是：通过多种传感器检测活动数据；数据处理、分析，获取动物状态信息；传感器信息融合；综合决策（专家系统）。接触式传感器检测方面，多用计步器、加速度计等设备获取步态参数曲线，以评估步态模式并统计活动量等。Mazrier 等（2006）采用计步器来测量活动量（步/h），通过对群体 7～10 h 的连续实验发现，肢蹄损伤者中有 92% 的活动量少于正常者 15% 以上。但是，当肢蹄动物出现明显的损伤特征时，肢蹄病已非常严重且往往不可逆。因此，肢蹄病检测应与动物病理学相结合，研究早期肢蹄病灶自动化检测方法。

三、体温、心率的监测技术

牛、羊的心率和体温是传统意义上的衡量生理健康状况的重要指标，对牛、羊体温的实时监测对其发情判断和疾病预防具有重要的参考意义。研究表明，生命体征变化可反映人或动物的病情轻重和危急程度（Adnane et al., 2009; Da et al., 2018），即监测动物的体温、心率、血压、呼吸、脑电波等生命体征，对保证动物健康具有重要意义。监测生命体征主要用到电极式、放射式和透射式传感器。基本生命体征指标可以反映和评估活羊应激水平，Cui 等（2019）设计了基于 Arduino 开源平台的生命体征监测装置（图 3-3），该装置包括主机端和从机端，主机与从机通过蓝牙模块实现通信，运用红外体温传感器和脉搏传感器测量羊的体表温度、心率等指标，结果表明，在应激状态下活羊体温和心率指标均处于不适宜状态。此外，相关人员利用 4X1DS18B20 电极式温度传感器阵列采集温度数据，对比试验验证了该系统连续测量的可靠性，测量精度为 0.06℃，虽然测量精度较高，功耗低，但传感器阵列不易集成，体积大、操作烦琐。

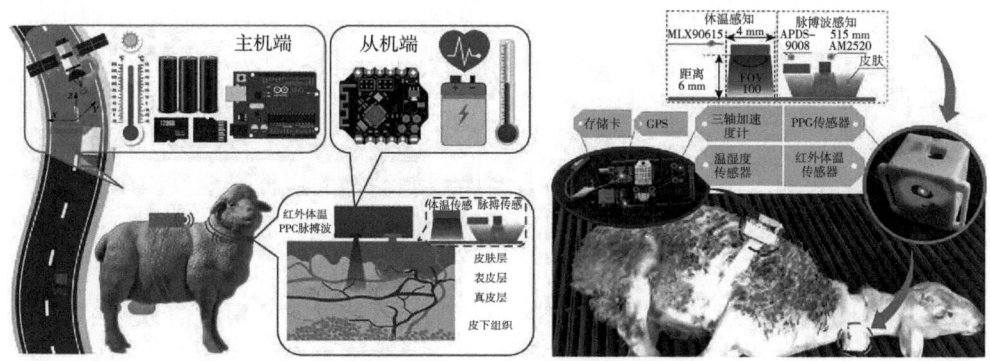

图 3-3 基于 Arduino 开源平台的活羊应激水平监测示意图（张小栓，2019）

四、呼吸频率与异常监测

研究发现，呼吸急促症状是动物常见的一种症状，与疾病、棚舍舒适度、环境胁迫等因素相关，也是饲养员重点关注的牲畜行为表现。目前的研究主要借助视频分析手段来寻找呼吸特征提取方法。在呼吸道疾病的发病初期，羊只往往会出现咳嗽等临床症状。因此，可以通过监测羊的咳嗽声进行早期疾病预警和评估羊只的健康状况。羊在患不同病时产生的咳嗽声均有所不同，例如，当羊气管有异物，患胸膜炎、慢性支气管炎和肺结核等时，其咳嗽声干而短；当羊患咽喉炎、支气管炎和支气管肺炎等时，其咳嗽声湿而长；而当羊患急性喉炎、胸膜炎和喉水肿等时，其咳嗽声短而弱，因此羊的咳嗽声种类较多。宣传忠等（2016）对杜泊羊的咳嗽声信号进行自动采集和计算机识别，通过监测其咳嗽声进行疾病预警和健康状况诊断，在不增加羊咳嗽声特征参数维度的前提下，提出一种改进的梅尔频率倒谱系数（MFCC）。结果表明，MFCC、短时能量、过零率组合的14维特征参数，经过隐马尔科夫模型（HMM）识别系统，识别率为86.23%，经主成分分析降维后（9维）识别率为92.54%。

五、声音信号的识别

发声是动物交流的重要途径，牛和羊在不同应激情况下（如惊吓、饥饿、生病、寻崽）都会发出不同的声信号。Jahns（2007）针对已知的牛饥饿和发情叫声信号提取出先验特征矩阵及其参考模式，利用模式匹配方法识别牛只日常叫声中所蕴含的饥饿及发情信息。Ikeda等（2018）利用线性判别分析方法处理声音信号的频谱结构变化特征，进而智能识别母牛饥饿以及与犊牛分隔而产生的两种焦虑状态。设施羊舍声信号包含了羊只对其内部机体状况和需求的信息反馈。国际农业工程协会主席强调动物的声信号能反映出其身体状况（如饥饿、疼痛等）及外部因素对动物体所造成的压力，动物的声信号逐渐成为研究的热点，同时，动物的声信号可成为评估动物福利水平的重要指标。因此，在不断深入了解羊只发声信息的基础上，利用声信号数字化处理技术，对设施养殖羊只的声信号进行采集、特征参数提取和分类识别，建立羊舍声信号特征参数与羊只不同应激行为的相关性，进行设施羊舍内羊只应激行为的统计分析并与环境调控相结合，对于构建设施福利化养羊的预警系统，提高羊只的抗病能力和健康状况等具有明显的现实意义。此外，声信号特征参数与行为之间存在相关性，通过识别声信号可以预测并判断相关行为，如采食和发情，实现对采食量的评估。动物声信号与其行为正在成为未来的研究热点。

宣传忠（2016）通过无线声音数据采集平台，采集设施羊舍内的打斗声、饥饿声、咳嗽声、啃咬声和寻伴声共 5 种声信号，并进行声信号的小波阈值去噪、特征参数提取和分类识别研究，将声信号应用于监测和评价其养殖福利水平（图 3-4）。还有研究通过无线语音数据采集卡，平均采集 80 只母羊在寻羔、饥饿和惊吓 3 种应激行为下的发声，用 Audacity 软件共分割成 1200 句叫声信号，并用带通滤波和小波消噪进行预处理。结果表明，母羊在不同应激行为下的发声信号具有明显差异的特征参数，采用共振峰参数训练的 BP 网络，其对母羊发声信号的正确识别率为 85.3%，高于利用 AR 功率谱估计参数的 81.0%，当两种参数进行组合训练 BP 网络后，其正确识别率可达 93.8%，表明这种方法的识别效果更好，由于在同一种应激行为下，不同年龄和体质量的母羊发声信号具有一定的差异性，使系统的误识别率达到 6.2%（宣传忠，2015）。Briefer 等（2015）对山羊的情感与发声信号的特征进行了关联分析。在奶牛上的声信号研究主要是借助于音频分析技术提取奶牛在孤独、焦虑、恐惧、发情等情况下的叫声特征，从而实现奶牛情绪健康的无损监测（刘忠超，2019）。

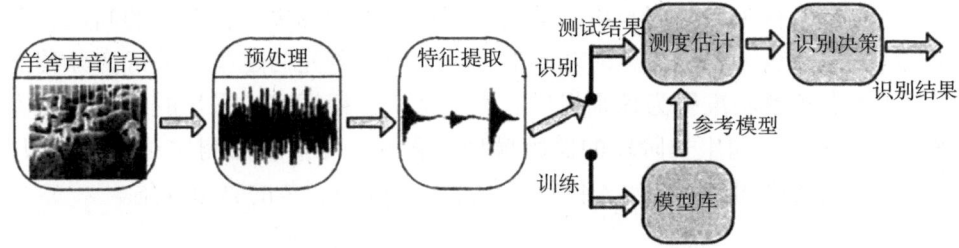

图 3-4　羊舍声信号的特征提取和分类识别流程（宣传忠，2016）

Galli 等（2011）监测声信号能量的变化，实现对羊的摄食行为发声信号的分类和评估。还有学者采用了隐马尔科夫链的统计模型，对羊的采食声信号进行分化，分析了 1813 s 的羊吃草声信号数据，实验结果表明能够正确识别草料的种类和高度的概率为 67%，单纯草料种类的正确识别率为 84%，识别的总体性能达到 82%（Milone et al.，2009）。此外，还有学者通过有牛发声信号的分析软件系统，通过对声信号的持续时间、振幅、频谱和能量来自动检测肉牛的采食动作事件，识别率达 95%（Clapham et al.，2011）。

基于声信号的健康监测经实践证明具有有效性，与传统的生理生化参数指标检测相比，具有无接触、非侵入的特点，但也存在许多现实的约束，如设施羊舍中采集的声音信号包含大量无效声音以及风机、饲喂设备等噪声数据，且羊只发声具有随机性，难以预见羊只发声时刻，因此，需要研究适用于设施羊舍声音的自动采集和去噪方法，实现噪声环境下羊只声音的自动检测；在羊群中，头羊高叫时，其他的羊也会随着叫起来，这就需要从混叠的声信号中提取有效的待识别信号；到目前为止，学者们还尚未找到简单可靠的声学特征参数，也没有找到简单的声学参数可靠地识别羊声音信号的变异性；羊只叫声信号的特征具有时变性，与设施养殖场的环境以及家畜的健康状况和情绪相关，并且随着家畜年龄的增加而发生变化。因此，从混杂、重叠、变异的信号中提取有效信号是基于声信号的健康监测的核心。此外，在通过声音表征肉羊情绪的研究中，应通过长期的观察研究，构造不同类型的声音模式库，这也是实现肉羊叫声智能识别的关键。基于单一声信号的健康监测受环境因素的制约，而运动行为是家畜心理、生理健康状况的外在表现，具有较强的可检测性，可将声信号与羊只运动行为结合，综合评价羊只的健康（张丽娜等，2019）。

六、牛、羊行为与健康智能模型的构建

牛、羊的行为和健康与牛、羊的个体信息密切相关，在获取的叫声、活动视频、运动量等个体信息的基础上，应进一步研究构建牛、羊行为分类模型，为牛、羊的精准行为识别提供有力支持；并根据实时采集的牛、羊个体信息研究构建不同生长阶段的健康模型，通过个体信息监测比对健康模型，为牛、羊的健康和福利养殖提供技术保障，提高牛、羊的养殖效益。

第三节　穿戴式信息监测设备

穿戴式畜牧养殖信息监测系统主要由信息采集单元、信息处理单元、无线传输单元和智能终端等组成（Zhang et al., 2018; Saleem et al., 2017），信息采集单元采集养殖环境信息（光照强度、温湿度、气体浓度等）、动物的生理信息（体温、血压、心率、呼吸等）和行为信息（静止、跳跃、跑动、打斗、声音信息等），信息处理单元对信息采集单元采集的各种信息进行降噪滤波等预处理，然后对信息进行分析处理、传输和存储，信息处理单元处

过的信息通过无线传输单元传输到智能终端进行显示和存储,对农场动物的健康状况等信息进行实时动态监测和管理。为适应监测对象、穿戴部位和监测参数等要求,穿戴式设备往往被特别定制,其穿戴形式包括束缚式、贴覆式和植入式。考虑到体积、成本和能耗等因素,束缚式穿戴设备常被应用在牛、羊、猪等大中型家畜身上,贴覆式和植入式设备常被应用在鸡、鸭、鹅等小型家禽身上。对于散养或放牧养殖方式,主要实现定位和追踪功能,对于圈养养殖方式,主要监测其生理信息与生活环境信息。传感器是穿戴式信息监测技术的核心技术之一,对穿戴式技术的发展具有十分重要的作用,常见穿戴式信息监测的传感器类型见表3-2,工作原理见图3-5(张小栓等,2019)。

表3-2 常见穿戴式信息监测生理参数及传感器类型

监测参数	传感器名称或类型	量程范围	分辨率	精度	参考文献
血压	压电薄膜传感器	$0 \sim 0.04$ MPa	1.33×10^{-4} MPa	$\pm 5.0\%$	李珊珊等,2017
	光电脉搏传感器			1.0%	蒋皆恢等,2018
体温	DS18B20	$-55 \sim 125$℃		± 0.5℃	刘忠超等,2017
	热敏电阻型	$-10 \sim 300$℃	0.1℃	± 0.1℃	栾强厚等,2018
	红外体温传感器	$-20 \sim 85$℃		± 0.5℃	柏广宇等,2014
心率	ADS1292R			$\pm 0.1\%$	盛婷钰等,2018
	PPG传感器	$30 \sim 250$ 次/min	1次/min	$\pm 1.0\%$	李龙等,2017
	压电薄膜传感器		1次/min		张宏等,2016
呼吸	HKH-11B	$0.2 \sim 1.0$V	0.1V		李宏恩等,2017
	PPG传感器		1次/min		陈真诚等,2019
	JY901加速度传感器	$-16 \sim 16$ g	0.1 g		赵佳佳等,2017
脑电波	干电极	$1 \sim 100$ μV	0.1 μV	$\pm 0.2\%$	施新泽等,2019
pH值	钨丝针式pH传感器	$-2.00 \sim 15.00$	0.01	± 0.01	王朝瑾等,2007
	pH复合电极	$0 \sim 14.00$		$\pm 0.3\%$	董猷琴,2016

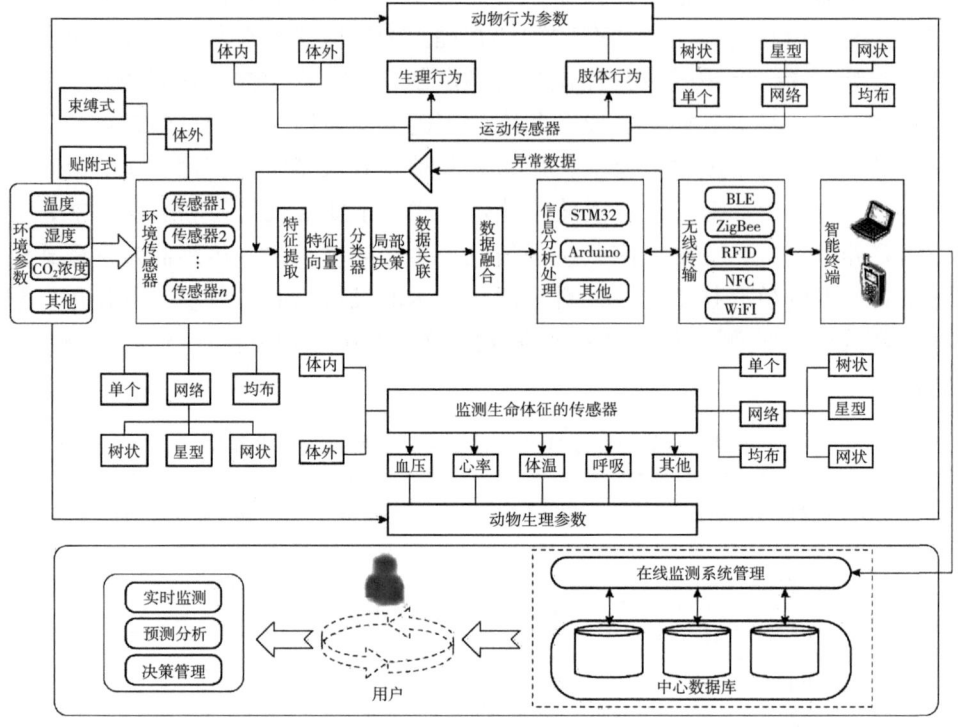

图 3-5 畜牧养殖穿戴式信息监测工作原理图（张小栓，2019）

参考文献

包鹏甲，裴杰，王宏博，等，2014. 一种羊用野外称重保定装置 [P]. 甘肃：CN203898483U，2014-10-29.

冯恬，2014. 非接触牛体测量系统构建与实现 [D]. 杨凌：西北农林科技大学.

高丽娟，王梓，2022. 体况管理对奶牛的影响及优化措施 [J]. 今日畜牧兽医，38(9)：58-59.

郭东东，2015. 基于三轴加速度传感器的山羊行为特征识别研究 [D]. 太原：太原理工大学.

郭浩，马钦，张胜利，等，2014. 基于三维重建的动物体尺获取原型系统 [J]. 农业机械学报，45(5)：227-232.

郭立宏，2017. 母羊的发情鉴定及发情处理方法 [J]. 现代畜牧科技 (6)：65.

郭勇庆，刘洁，刘进军，等，2014. 体况评分在养羊生产中的应用 [J]. 中国草食动物科学 (S1)：388-390.

何东健，刘冬，赵凯旋，2016. 精准畜牧业中动物信息智能感知与行为检测研究进展 [J]. 农业机械学报，47(5)：231-244.

何东健, 孟凡昌, 赵凯旋, 等, 2016. 基于视频分析的犊牛基本行为识别 [J]. 农业机械学报, 47(9): 294–300.

黄松图, 2023. 牛的行为学研究及其在养殖管理中的应用 [J]. 畜牧业环境 (23): 98–100.

江杰, 岳伟, 曹孟珍, 2015. 基于机器视觉的羊体体尺测量方法研究 [J]. 内蒙古科技大学学报, 34(4): 322–327.

刘艳秋, 2017. 舍饲环境下母羊产前典型行为识别方法研究 [D]. 呼和浩特: 内蒙古农业大学.

刘艳秋, 武佩, 杨建宁, 等, 2016. 活体羊自动称重装置 [P]. 内蒙古: CN205426306U, 2016-08-03.

刘忠超, 范伟强, 张会娟, 等, 2017. 基于 Android 的奶牛体温实时远程监测系统的设计 [J]. 黑龙江畜牧兽医 (23): 6–9, 282–283.

陆明洲, 沈明霞, 丁永前, 等, 2012. 畜牧信息智能监测研究进展 [J]. 中国农业科学, 45(14): 2939–2947.

宋怀波, 李通, 姜波, 等, 2018. 基于 Horn-Schunck 光流法的多目标反刍奶牛嘴部自动监测 [J]. 农业工程学报, 34(10): 163–171.

苏羊, 2019. 肉羊发情鉴定三法 [J]. 农家致富 (18): 37.

孙小慧, 2016. 舍饲羊饮水少的原因、危害及调治方法 [J]. 现代畜牧科技 (4): 59.

谭正英, 郗伟斌, 邵要伟, 等, 2008. 用超声波测定背脂肪厚度的方法确定奶牛的体脂储备 [J]. 黑龙江畜牧兽医 (5): 39–41.

汪开英, 赵晓洋, 何勇, 2017. 畜禽行为及生理信息的无损监测技术研究进展 [J]. 农业工程学报, 33(20): 197–209.

温长吉, 王生生, 赵昕, 等, 2014. 基于视觉词典法的母牛产前行为识别 [J]. 农业机械学报, 45(1): 266–274.

宣传忠, 2016. 设施羊舍声信号的特征提取和分类识别研究 [D]. 呼和浩特: 内蒙古农业大学.

宣传忠, 武佩, 马彦华, 等, 2015. 基于功率谱和共振峰的母羊发声信号识别 [J]. 农业工程学报, 31(24): 219–224.

薛广顺, 来智勇, 张志毅, 等, 2015. 基于双目立体视觉的复杂背景下的牛体点云获取 [J]. 计算机工程与设计, 36(5): 1390–1395.

闫丽, 邵庆, 席桂清, 等, 2016. 群养仔猪保育期饮水行为监测系统的设计 [J]. 家畜生态学报 (5): 56–60.

曾德斌, 许江淳, 陆万荣, 等, 2018. 基于机器视觉的无应激羊只体尺测量及体质量预估 [J]. 中国农机化学报, 39(9): 56–60.

张丽娜, 武佩, 乌云塔娜, 等, 2017. 基于图像的肉羊生长参数实时无接触监测方法 [J]. 农业工程学报, 33(24): 182–191.

张丽娜, 武佩, 宣传忠, 等, 2019. 基于精准养殖提升肉羊生产效益及福利化水平研究进展

[J]. 江苏农业科学, 47(12): 43-48.

张曦宇, 宣传忠, 武佩, 等, 2017. 基于声信号的家畜行为信息监测研究进展[J]. 黑龙江畜牧兽医(6上): 63-68.

张小栓, 张梦杰, 王磊, 等, 2019. 畜牧养殖穿戴式信息监测技术研究现状与发展分析[J]. 农业机械学报, 50(11): 1-14.

张小雪, 2019. 不同剩余采食量羔羊生产性能和瘤胃微生物区系及肝脏转录组研究[D]. 兰州: 兰州大学.

周艳青, 薛河儒, 姜新华, 等, 2018. 基于多尺度 Retinex 图像增强的羊体尺参数无接触测量[J]. 中国农业大学学报, 23(9): 156-165.

ADNANE M, JIANG Z W, CHOI S, et al., 2009. Detecting specific health-related events using an integrated sensor system for vital sign monitoring[J]. Sensors, 9(9): 6897-6912.

ARNEY D R, KITWOOD S E, PHILLIPS C J C, 1994. The increase in activity during oestrus in dairy cows[J]. Applied Animal Behaviour Science, 40(3): 211-218.

CHEN C, ZHU W X, LIU D, et al., 2019. Detection of aggressive behaviours in pigs using a RealSence depth sensor [J]. Comput Electron Agr, 166: 105003.

CHEN Y, HE D, FU Y, et al., 2017. Intelligent monitoring method of cow ruminant behavior based on video analysis technology[J]. Int J Agr Biol Eng, 10(5): 194-202.

CHUNG S Y, LEE H J, TAE I, et al., 2017. A wearable piezoelectric bending motion sensor for simultaneous detection of bending curvature and speed[J]. Rsc Advances, 7(5): 2520-2526.

CHUNG Y, LEE J, OH S, et al., 2013. Automatic detection of cow's oestrus in audio surveillance system[J]. Asian- Australasian Journal of Animal Sciences, 26(7): 1030-1037.

CLAPHAM W M, FEDDERS J M, BEEMAN K, et al., 2011. Acoustic monitoring system to quantifyingestive behavior of free-grazing cattle[J]. Computers & Electronics in Agriculture, 76(1): 96-104.

CUI Y, ZHANG M J, LI J, et al., 2019. WSMS: Wearable stress monitoring system based on IoT multi-sensor platform for living sheep transportation[J]. Electronics, 8(4): 441.

DA COSTA C A, PASLUOSTA C F, ESKOFIER B, et al., 2018. Internet of Health Things: Toward intelligent vital signs monitoring in hospital wards[J]. Artificial Intelligence in Medicine, 89: 61-69.

DEGRAFF J, LIANG R, LE M Q, et al., 2017. Printable low-cost and flexible carbon nanotube buckypaper motion sensors[J]. Materials & Design, 133: 47-53.

DEL FRESNO M, MACCHI A, MARTI Z, et al., 2006. Application of color image segmentation to estrusc detection[J]. Journal of Visualization, 9(2): 171-178.

EERDENBURG F J C M, KARTHAUS D, TAVERNE M A M, et al., 2002. The relationship between estrous behavioral score and time of ovulation in dairy cattle[J]. Journal of Dairy Science, 85(5): 1150-1156.

FELTONC A, COLAZOM G, PONCE-BARAJAS P, et al., 2012. Dairy cows continuously-housed in tie- stalls failed to manifest activity changes during estrus[J]. Canadian Journal of Animal Science, 92(2): 189-196.

GALLI J R, CANGIANO C A, MILONE D H, et al., 2011. Acoustic monitoring of short- term ingestive behavior and intake in grazing sheep[J]. Livestock Science, 140(1-3): 32-41.

IKEDA Y, ISHII Y, 2008. Recognition of two psychological conditions of a single cow by her voice[J]. Computers and Electronics in Agriculture, 62: 67-72.

JAHNS G, 2008. Call recognition to identify cow conditions-A call-recogniser translating calls to text[J]. Computers and Electronics in Agriculture, 62(1): 54-58.

KRUSE S , TRAULSEN I , KRIETER J, 2011. Analysis of water, feed intake and performance of lactating sows[J]. Livestock Science, 135(2-3): 177-183.

LAMBE N R, NAVAJAS E A, FISHER A V, et al., 2009. Prediction of lamb meat eating quality in two divergent breeds using various live animal and carcass measurements[J]. Meat Sci, (833): 366-375.

LAMBE N R, NAVAJAS E A, SCHOFIELD C P, et al., 2008. The use of various live animal measurements to predict carcass and meat quality in two divergent lamb breeds[J]. Meat Sci, 80(4): 1138-1149.

MATHIE M J, CELLER B G, LOVELL N H, et al., 2003. lassification of basic daily movements using a triaxialaccelerometer[J]. Medical & Biological Engineering Computing, 42(5): 679-687.

MAZRIER H, TAL S, AIZINBUD E, et al., 2006. A field investigation of the use of the pedometer for the early detection of lameness in cattle[J]. Can Vet J, 47(9): 883-886.

MILONE D H, RUFINER H L, GALLI J R, et al., 2009. Computational method for segmentation and classification of ingestive sounds in sheep[J]. Computers and Electronics in Agriculture, 65(2): 228-237.

NASIRAHMADI A, STURM B, EDWARDS S, et al., 2019. Deep learning and machine vision approaches for posture detection of individual pigs[J]. Sensors(Basel), 19(17) : 3738.

SAKAGUCHI M, FUJIKI R, YABUUCHI K, et al., 2007. Reliability of estrous detection in Holstein heifers using a radiotelemetric pedometer located on the neck or legs under different rearing conditions[J]. Journal of Reproduction & Development, 53(4): 819 - 828.

SALEEM K, SHAHZAD B, ORGUN M A, et al., 2017. Design and deployment challenges in immersive and wearable technologies[J]. Behaviour & Information Technology, 36(7): 687-698.

THOMPSON J P, PEARCE R H, SCHECHTER M T, et al., 1990. Priliminary evaluation of a scheme for grading the gross morphology of the human intervertebral disc[J]. Spine, 15: 411-415.

TSAI D, HUANG C, 2014. A motion and image analysis method for automatic detection of estrus and mating behavior in cattle[J]. Computers and Electronics in Agriculture, 104: 25-31.

VIEIRA A, BRANDÃO S, MONTEIRO A, et al., 2015. Development and validation of a visual body condition scoring system for dairy goats with picture- based training[J]. J Dairy Sci, 98(9): 6597-6608.

VILLAQUIRAN M, GIPSON T, MERKEL R C, et al., 2007. Body Condition Scores in Goats[M]. In Proc. 22nd Ann. Goat Field Day, Langston: Langston University, 125-131.

YAJUVENDRA S, LATHWAL S S, RAJPUT N, et al., 2013. Effective and accurate discrimination of individual dairy cattle through acoustic sensing[J]. Applied Animal Behaviour Science, 146(1): 11-18.

ZHANG B, ZHUANG L J, QIN Z, et al., 2018. A wearable system for olfactory electrophysiological recording and animal motion control[J]. Journal of Neuroscience Methods, 307: 221-229.

第四章
牛羊养殖环境监测与控制技术

随着人们生活水平不断提高，对畜禽产品的需求不断增加，促使我国畜牧业向规模化、集约化、标准化方向转型升级。畜禽舍环境控制是利用一系列的工程设施，来保证畜禽生长繁育的合理环境，是畜牧业集约化和现代化的重要条件。近年来，以数字化信息技术为核心的畜禽智能养殖技术不断深入，环境调控系统、自动饲喂和收采机器人等智能化养殖设备，有效地提高了畜禽养殖业生产效率，解决劳动力资源短缺问题，实现健康福利养殖。

养殖环境是影响畜禽健康和生产力的重要因素之一，现有的环境调控技术可在一定程度上为畜禽提供适宜的生产环境，这不仅保证了动物本身健康，更提高了畜禽产品质量、动物食品安全和养殖场经济效益。畜牧生产的环境因素主要包括以下两个方面：①物理因素：主要有温湿度、光照、噪声、地形、地势、海拔、土壤、牧场和畜舍等；②化学因素：主要包括空气中的氧气、二氧化碳、有害气体、水和土壤中的化学成分（李如治，2003）。因此调节好牛羊舍内的温度、湿度和空气等环境因素，是牛羊养殖环境控制的主要内容，对其健康生长及推进养殖福利具有重要意义（黄华，2009）。

第一节 对环境空气质量的监测控制技术

良好的生态环境是最公平的公共产品，是最普惠的民生福祉。随着人民群众生活水平的提高，对畜产品质量的要求也越来越高，环境空气质量的要求也从以前的盼温暖、求生存，转变为现在的盼环保、求生态。环境空气质量监测的目的是获得大量客观、真实、准确的环境空气质量监测数据，进而锁定污染来源、客观评价环境空气质量状况、科学准确地了解空气变化规律及未来发展趋势，同时反映环境空气污染治理成效，为管理部门下一步实施环境空气质量管理与决策提供依据，最终达到改善环境空气质量、提高畜产品质量、促进环境可持续发展的目的（梅征，2020）。

一、环境空气自动监测系统概述

环境空气质量监测工作中，自动监测系统在科技发展的带动下不断进步和完善，顺应了互联网时代的大趋势。这种监测方式既可实现监测点的动态监测，也能够显著增强监测数据的准确性与有效性。监测系统运行中，主要分为监测子站、中心计算机、质量保证实验室和系统支持实验室，监测子站能够实时监测空气质量，并设置时间定期处理监测数据，之后将经过处理的数据顺利地传输到计算机当中。中心计算机主要采用优质的网络设备，收集监测子站的数据信息，而后检查收集到的数据信息，并将其存储于系统当中。质量保证实验室主要指系统检测设备运行的过程中，需对设备予以全面审核和细致校准，并在此基础上制定监测质量控制措施。系统支持实验室能够有效保养及维护系统设备，在设备出现故障时及时排除故障或更换新设备。

二、环境传感器

环境传感器包括：土壤温度传感器、空气温湿度传感器、蒸发传感器、雨量传感器、光照传感器、风速风向传感器等，不仅能够精确地测量相关环境信息，还可以和上位机实现联网，最大限度满足用户对被测物数据的测试、记录和存储。

1. 空气湿度传感器

空气湿度传感器主要用来测量空气湿度，感应部件采用高分子薄膜湿敏电容，位于杆头部，这种具有感湿特性的电介质其介电常数随相对湿度而变化。空气湿度传感器主要用于气象观测、环境控制、露点测量、干燥处理、暖房、植物栽培、博物馆、展览会（馆）、纸张制造、存储、过程控制、养殖控制、纺织制造、存储。

标准的空气湿度传感器配备专用的防辐射罩，保护传感器免受太阳辐射和雨淋。传感器安装及维护非常简单，无须将防辐射罩拆下，即可对传感器进行安装及校准，其白色外表面可以反射阳光直接照射能量。

2. 降水量传感器

降水量传感器是一种自动测量降水量的仪器。该传感器是用来自动测量降水量的仪器，主要由承水器、过滤漏斗、翻斗、干簧管、底座和专用量杯等组成。降水通过承水器，再通过一个过滤斗流入翻斗里，当翻斗流入一定量的雨水后，翻斗翻转，倒空斗里的水，翻斗的另一个斗又开始接水，翻斗的每次翻转动作通过干簧管转成脉冲信号（脉冲为 0.1 mm）传输到采集系统。仪器测量范围 0 ～ 4 mm/min。

3. 大气环境传感器

大气环境传感器是汽车电控发动机的一个气体传感器部件，它通过测量进入发动机气缸气体的进气压力、温度和湿度将信号传输给 ECU 部件，通过 ECU 综合其他传感器数据来对空燃比值进行修正。大气环境传感器一般安装在空气滤清器和空气增压器之间的管路上。若发动机曲轴箱通风口引至增压器前的空气管路上，环境传感器必须安装在曲轴箱通风口上游，以免污染传感器探头。

三、环境空气自动监测质量控制的技术分析

1. 零跨检查的技术

在质量控制中，零跨检查是最为基础和最为重要的因素，该指标体现了仪器设备的精度和质量，因此，技术人员在校验和分析仪器设备的过程中，通常采取零跨检查的方式分析仪器设备的精准度，之后分析零点检查的结果，全面了解和掌握跨度检查报告的信息，确保设备在一周之内安全平稳运行，且以此为基础获取更为细致和完善的检查结果。再者，零跨检查的结果也应满足规范的标准及要求，除 CO 仪器零点偏移量及跨度漂移量外，其他仪器设备需在一周之内连续运行，不可间断，且严格控制零跨的偏移量。

2. 多点检查技术

在数据采集模块中，传感器每隔 3 min 采集一次数据，通过无线传输，将串口数据转化为实测数据，保存在数据库中。在数据显示模块中，为实时显示当前时间内的环境信息，将最新获取的数据显示在羊舍信息窗口；为直观地显示最近一段时间的环境信息，将最近的 20 个监测数据显示在实时曲线当中。考虑到网络环境情况和实际采集数据丢失问题，对数据进行了相应处理，表示为曲线形式。

3. 监测技术

工控机需要接收大量的数据信息，数据信息种类繁多，因此在质控工作中，应对不同类型的信息做好分类和标记工作，完成任务后，仅需找到标志即可顺利完成数据定位工作。变化气体对温湿度十分敏感，如温度和湿度发生变化，则气体的浓度也随之变化。因此，务必严格控制子站内的温度与湿度，温度要始终保持在 23 ～ 28 ℃，湿度保持在 50% ～ 70%（吕洪德，

2019）。

此外，要获取准确可靠的质控数据。落实质控工作中，其需要的时间相对固定，通常为 30～45 min，但是在质控工作中部分数据无法充分体现质控的基本情况，对此，跨度检查和零点检查过程中，均应满足目标浓度的要求。在数据分析时也会出现数据波动问题，但在该过程中所形成的数据无法准确地反映质控情况，无法成为质控数据。质控数据需要选择 5～10 min 以内产生数值的平均值，以增强数据的可靠性和可用性。在视频监控模块当中，根据具体工作人员的管理权限，界定是否可以登录视频监控，获取无线监控摄像头的实时动态图像。在视频监控模块中，工作人员可以进行拍照、开始和停止录像等操作，为后续进行牛羊行为监测提供硬件与软件支持。在数据库部分，实现历史数据查询。为便于用户在本地计算机使用和分析数据，系统提供了数据文件导出功能，导出为 Excel 文件。通过选择起始日期、中止日期和相应的查询项，实现数据信息浏览查询、导出，并可下载所需要的数据文件。

畜舍环境发生异常可能会对商品以及幼崽产生影响。如果提前预警，可以及时处理，以保障良好的生活环境、促进幼崽健康成长。"变报警为预警"是物联网智能化的重要体现；而具体的预警设定可根据牛羊舍管理人员的经验来自行设定，进行环境控制，同时系统也可以实现对环境信息进行综合评价，根据综合评价值来进行环境控制（邢小琛等，2017）。

4. 空气调控的方式与类型

畜舍通风方式从大的方面分为自然通风和机械通风两种。自然通风的动力是自然推动力、浮力和风，使空气从进口流入、再从出口排出。它不受地理位置的限制，世界各地的畜舍均可运用自然通风。从工程学观点来看，通风系统的基本作用是使畜舍内保持适宜的温度。由于自然通风系统的通风口的大小是可调的，在炎热季加大通风口可以促进通风换气，而在寒冷季节缩小通风口可以减少通风。当畜舍外温度特别低时，由于超过所能控制的温度极限，应注意空气的湿度和污染程度。在某些地区，由于室外温度很高，畜舍的主要目的在于隔热和防止热应激。在这种情况下可采取开放式畜舍，即舍内舍外空气交换几乎无阻力，或通过卸掉畜舍的外墙，或加高建筑物扩大每个动物所占的空间等方法达到这一目的（Strøm 等，1988）。

进气口的类型多种多样，既可设在屋顶天花板上或在墙壁下半部，也可设在侧壁的窗户上，还有用聚氨酯制作的进气口。热压是由畜舍内外温差产生的，它使得空气由位置较低的进气口流入舍内，再经处于较高位置的出气口排出。不考虑进气口的大小，同一类型的进气口既可产生浮力通风也可引起对流通风。

不同类型的上部开口，即出气口。有屋脊出气口、屋脊烟囱和中央烟囱三种类型。屋脊出气口是屋脊上的狭窄开口，可分为简单屋脊出气口、直立式屋脊出气口和带帽直立式屋脊出气口三种。直立式屋脊出气口可减少空气的流入；而带帽屋脊出气口可增加空气的流入，当雪或雨垂直降落时可防止雨雪的落入。通风烟囱比屋脊出气口更实用，特别是现有畜舍或带顶楼的畜舍多设通风烟囱为出气口。通风烟囱之间的最大距离通常是 20 m，而烟囱形状最好是矩形的。为了加强烟囱的通风效果和避免水汽凝结，通风烟囱应是绝热的。

目前应用较多的为负压通风系统（图 4-1），其具有结构相对简单、投资少和管理费用低等优点，不过，这种系统无法调节控制入舍空气的某些状态，对于多风严寒地区不太适用。相反，正压通风系统可对进入空气进行加热、冷却、过滤等预处理，从而可有效保证畜舍内的适宜温湿状况和清洁空气环境的稳定性。故特别适于严寒或炎热地区使用，但它又有着结构复杂、造价高、管理费用高的缺点。

图 4-1　负压通风系统

相比于横向通风系统，近期提出的纵向通风系统具有气流分布均匀，通风、降温和排污性能好等优点。若将该通风方式与湿帘（或称水帘）配套使用还可以非常有效地达到夏季降温的目的。

四、环境空气自动监测的质量控制措施

（一）加大管理力度

在日常工作中，若想不断提高环境空气自动监测质量，工作人员就应结合有关规范的要求，加强环境空气质量监测系统的管理，进而获取更加准确和可靠的监测数据。在系统日常管理中，工作人员需要完成诸多的工作。首先，为优化监测系统日常维护和管理的综合水平，工作人员需对设备进行定期巡视，确保设备在生命周期内稳定、安全的运行。同时，在日常工作中要尤其关注出现频率较高，且破坏性较强的设备故障问题（杨家麒，2017）。

监测人员是监测工作的主要执行者,在日常工作中务必高度重视对监测人员的管理。监测人员在日常工作中要认真负责地做好各项工作,其工作态度和工作能力均直接影响着环境空气质量监测的结果。也就是说,监测部门应在日常工作中采取有效措施加强人员管理,并定期组织内部培训,不断提高工作人员的综合素质和专业技能,建立更为科学和完善的奖惩机制,积极鼓励优秀的工作人员,不断增强工作人员的责任感和使命感,使其切实做好本职工作。

(二)高度重视质量监督和检查工作

为推动我国社会朝着现代化、可持续方向发展,改善环境空气质量得到了人们的高度重视,且环境空气质量也成为社会前进道路上的重要影响因素。所以,为增强环境空气质量监测数据的准确性,务必加大环境空气质量监测的监督和检查力度。在监督检查的过程中,这不仅可及时发现监测工作中的问题,而且也可对监测细节实行全方位检查并分析。之后根据实际制定完善的检查表,客观地记录每次监督检查工作的概况,并对检查情况落实整改,不断提升环境空气质量监测工作效率。

(三)加强对空气监测仪器设备的质量控制

仪器设备是获得监测数据的最直接工具,实验室应配备开展环境空气质量监测工作所需的足够数量的仪器设备,包括必要的硬件和软件支持系统,并确保它们处于良好的状态。环境空气颗粒物(PM10 和 PM2.5)连续自动监测系统中,包括空气质量监测子站、质量保证实验室和系统支持实验室;环境空气气态污染物(SO_2、NO_2、O_3、CO)连续自动监测系统还需配备中心计算机室;其中每一部分都要求有相应的仪器设备和辅助设备予以形成一个自动监测体系。仪器设备的管理是一项系统而烦琐的工作,需设置专门的仪器设备管理员加强日常管理,包括维护保养、状态确认、安全防护等。按照仪器设备期间核查计划对监测结果具有重大影响、性能不稳定、漂移率大、使用频率高、经常移动、操作环境恶劣、检定-校准结果接近规定的极限值以及新购置的仪器设备开展期间核查,同时按照仪器设备检定计划对所有在用设备进行检定、校准或功能检查,并对检定结果进行确认。加强环境空气质量监测现场采样和实验室分析仪器设备的管理,使其正常可用,是监测结果准确可靠的重要环节。

(四)加强空气监测设施和环境的质量控制

实验室用于开展环境空气质量监测的设施和环境条件应根据相关技术规范和方法标准的要求进行设置,实验室布局应合理,按分析因子特点采取有效隔离措施,防止相邻工作区间交叉影响,同时应充分考虑实验室电力、通信、采光、通风、温湿度控制等要求。环境空气连续自动监测系统中,为保证数据准确可靠,要求各个组成部分的温度控制在25℃±5℃,湿度需小于80%;在环境空气质量手工现场采样工作中,常常需要对监测期间的相对湿度、气温、气压、风速、风向等气象条件进行记录;需要低温保存的样品,在运输及实验室保存过程中应采取相应的措施以防样品损失;便于监测结果数据的溯源。仪器设备室应与样品前处理室分开,药品试剂及耗材存放室应根据储存环境要求予以满足。统筹规划环境空气质量监测实验室布局,使其达到既不浪费空间又满足功能需要的要求。在环境空气监测质量控制中,设施和环境的保持容易被忽视,必须做实做细,确保所有的监测环境符合相关技术规范和方法标准的要求。

第二节 温度对牛羊的影响及监测控制技术

现代畜禽养殖基本以舍饲养殖为主,环境温度适宜时,动物健康水平良好,生产性能和饲料利用率都较高,但过高或过低的温度会引起动物热应激或冷应激,破坏体热平衡,导致畜禽生产力下降或停止,甚至死亡。在持续高温中,动物的采食量较常温环境下有所下降且会随着温度的升高持续下降,此外高温会破坏动物体热平衡,导致动物生产力下降甚至死亡(杨飞云等,2019)。

一、温度对牛羊的影响

(一)温度对牛羊繁殖性能的影响

环境温度是影响牛羊的繁殖性能的重要因素之一,温度过高或过低均会导致牛羊的繁殖性能变差。高温经常会引起母畜不育和受胎率下降,对公仔兽均存在一定程度的影响。公畜精子生成的温度一般低于畜体的正常体温,哺乳动物的睾丸都悬于体外,高温可导致精子活力下降、正常的精子数减少且密度下降,畸形率上升。对于当外界环境温度过高,超过临界温度后,牛会发生热应激。牛是体型较大的家畜，通常以对流、辐射和蒸发的方式释放热量，当周围环境温度达32℃以上、湿度高达70%时，牛机体停止通过对流、辐射以及蒸发的方式进行散热，此时，环境中的对流热和辐射热会走向牛机体而导致体温升高，发生热应激，从而使牛的繁殖系统受到严重影响（王学杰等，2023）。对于公羊而言，高温会降低公羊的精液品质和性欲。据研究发现，公羊在炎热的时候精子可能出现畸形，导致公羊的繁殖力下降。随着气温的上升，公羊精子的存活时间明显缩短，顶体完整率也明显下降，气温的急剧下降对公羊精子顶体完整率的存活时间也具有明显的副作用。对于繁殖母羊而言，如果温度变化过大会造成热应激或冷应激。热应激会改变母羊子宫内的微环境，干扰激素水平的调节，影响生殖内分泌系统，使早期胚胎的死亡率升高。输精时，直肠以及子宫的温度与受胎率有密切关系，配种后环境温度升高，会完全阻止受精。母羊对热应激的调节反应，可以使子宫血流量减少，使子宫温度升高，而且影响子宫对水和营养物质的利用，结果造成妊娠早期胚胎的死亡率增加。冷应激则通过母羊机体内的内分泌，使甲状腺、肾上腺的功能增强，而生殖系统活动减弱或停滞，表现不发情或不排卵（杨文凯等，2009）。

（二）温度对牛羊采食、饮水和生理健康的影响

温度是影响动物健康和生产性能的重要环境因素之一，影响牛羊的生理指标，也对其内环境产生重要影响。在高温情况下，水汽可将它所吸收的热量发散出来，阻碍了动物体的散热，使皮肤变热。由此可知，水汽是影响动物体热发散的主要因素之一，寒冷时使其增强，炎热时使其受到抑制，容易破坏动物的体热代谢。此外，高温能促使致病性真菌、细菌和寄生虫的发育，使家畜易患疥癣、湿疹等皮肤病。长期将家畜饲养在温度较高的畜舍中，家畜的食欲和对饲料营养物质的消化、吸收能力降低，以致影响生长发育和生产能力。

高温和低温都能影响牛羊的自由采食和饮水。一般低温能使采食量增加，饲料消化率下降，高温恰好相反，采食量减少，饲料消化率提高。高温时畜禽的饮水量上升，但可导致牛羊排稀粪，影响了舍内环境。据资料报道母牛在气温升高时孕酮分泌显著增加，雌二醇下降，卵泡刺激素和黄体生成素有下降的趋势；初生犊牛从母体初乳中获取抗体的被动免疫，受冷热应激初乳中抗体水平下降，降低了其对疾病及外界环境变化的抵抗力。并且牛羊在免疫接种时受到冷应激或热应激，极易造成免疫失败。温度对牛羊的直接致病作用表现为冻伤、热射病和日射病、热痉挛等非传染性疾病；间接致病作用

表现为致病微生物和寄生虫在适宜的温度和湿度等环境条件下生存和繁殖，造成其发病及疫病的流行。在牛羊适宜温度的范围内，牛羊的新陈代谢旺盛、免疫力稳定、采食量增加，能够抑制或者杀灭致病微生物，防止微生物对机体的损伤，抗病能力和饲料利用率都因此比较高。如果舍内温度过低，那么摄入的饲料大部分都用来抵御寒冷，容易造成肥育牛羊吃得多、长得慢，饲料利用率降低。夏季高温天气不仅会使畜牧场内滋生大量病原体微生物，更容易造成牛羊热应激，造成抵抗力降低、生产性能下降，甚至导致疾病的发生（杨雪等，2019）。

二、温度控制措施

（一）机械控温

为缓解牛羊高温热应激产生的不良反应，规模养殖场常用的降温方式有湿垫–风机蒸发降温、滴水/喷雾蒸发降温和地板局部降温等。

蒸发降温这种方式是利用液体汽化原理使畜禽舍散热或者使空气降温的办法。这种方式可以促进畜禽蒸发散热和环境蒸发降温，在干热地区效果好，在高温高湿地区效果不太明显。喷淋雨喷雾利用机械化的设备向畜禽舍喷水，借助液体汽化吸热的特性达到畜禽舍散热和畜禽舍降温的目的。这种方式散热效果很好，但容易导致畜禽感冒（黄华，2009）。

湿帘通风系统这种装置主要部件是用麻布或者专用蜂窝状纸等吸水、透风材料制作的蒸发垫，由水管不断往蒸发垫上淋水，将蒸发垫置于机械通风的进风口，气流通过时，水分蒸发吸热，降低进舍气流的温度，这种方式的降温效果很大程度上受到外界气温的影响（图4-2）。

图4-2 湿帘通风装置

（二）房舍改造和部件增加

当位于寒冷地区时，加温技术也随之产生，部分畜舍采用可人工调节的保温板，或者专门制作了热循环保温箱，以期提高动物的成活率和生产性能。畜禽舍屋顶、天棚、墙壁和门窗等外围护结构的合理设计和施工对于改善舍内环境，提高舍内温度发挥重要的作用（图4-3）。

畜禽舍屋顶面积相对较大，舍内热空气上升，使屋顶成为畜禽舍外围护结构中热量散失最多的部分，合理设计屋顶样式，采用适宜热阻值的屋顶材料，增设天棚都可以有效提高屋顶的保温隔热作用。天棚可以将屋顶与舍内分隔，形成相对静止的空气缓冲层，冬季舍

图4-3 奶牛棚顶

外冷空气通过与缓冲层的热交换得到了预热，可以避免冷空气直接进入舍内。天棚的高度一般为2.0～2.5m，随着高度增加空气流通性增强，但保温效果降低。天棚可采用的材料有炉灰、锯末、玻璃棉、膨胀珍珠岩、矿棉、泡沫等（刘继军和贾永全，2008）。研究结果表明，通过选用不同热阻和隔热系数的材料对畜禽舍外围护结构进行改造，畜禽舍隔热性能明显提高，畜禽舍墙壁散失热量仅次于屋顶。选择导热系数小的材料，确定合理的隔热结构，提高施工质量等可以提高墙壁的保温能力（王晨光等，2013）。

目前，国外很多畜禽舍广泛采用一种典型的隔热墙，其外侧为波型铝板，内侧为10mm防水胶合板，在防水胶合板的里面贴一层0.1mm的聚乙烯防水层，铝板与胶合板间填充100mm玻璃棉，这种隔热墙总厚度不足12cm，但总热阻可达3.81 K/W。在国内普遍采用的保温材料有全塑复合板、夹层保温复合板和复合聚苯板等。畜禽舍门窗的设计既要考虑通风换气和采光的效果，又要兼顾冬季采暖保温的作用。在受寒风侵袭的北侧、西侧墙应少设窗、门，并注意对北墙和西墙加强保温，必要时还要加设门斗或双层窗，以增强冬季保温效果。

第三节 湿度对牛羊的影响及监测控制技术

随着人们生活水平的提高，人们对肉类的品质及安全也更加关注。提高畜类生活舒适度，无疑会对提高肉类质量有巨大帮助。然而部分畜禽的体质增长缓慢，有的个体甚至出现负增长。原因在于夏季空气温度、湿度较高，动物体温度上升，导致消化功能下降，增重受到了极大的限制。为了保证其体重上的增长，采用温湿度控制系统，创造一个适宜畜禽生长的舒适的环境，

能够有效解决上述问题（马海雯，2017）。

一、湿度对牛羊的影响

湿度对牛羊的生长发育和生产性能也有影响，主要通过与温度相互作用来影响其繁殖功能。高温高湿时牛羊会由于散热受阻导致生殖机能障碍从而使受胎率较低、容易发生流产等。当温湿度指数从68上升至78时，奶牛的受孕率也会从66%下降到35%。此外，若圈舍的湿度过大，在一定程度上会导致大量病原微生物的繁殖，从而诱发一些疾病而导致繁殖功能降低（徐菁等，2019；梁秀华，2024）。

湿度是通过影响羊的体热平衡而影响其生产水平，羊适宜的相对湿度是55%～60%，最高不超过75%，湿度过高、过低都会影响羊的生长发育（杨雪等，2019）。对种羊而言，公羊在较高湿度下，性欲会下降，精子的活力和密度降低，严重影响其繁殖性能。在高温环境下，较高的湿度会不利于母羊的生殖活动。在繁殖季节，高湿度会导致母羊发情无规律甚至不发情，会延误母羊的配种。对羔羊而言，在温度适宜的环境中，适宜的湿度有助于室内空气中的灰尘下降，使空气较为干净，对防止和控制羔羊的呼吸道疾病有利。在低温高湿的环境下，羔羊生长和育肥速度及其饲料利用率显著下降。在高温高湿环境下，羔羊的体质会下降，对疾病的抵抗力较低，免疫功能受到抑制。

二、湿度控制措施

湿度的大小与畜禽舍内的通风状况、温度状态有着紧密的联系，并且对于后者有着重要的影响。湿度不适会严重影响畜禽的生长，破坏畜禽舍的局部小气候。在实际生产中，湿度的控制往往是跟通风、温度的控制同步进行的。

（一）无线电温湿度监控系统

无线电温湿度监控系统是由无线温湿度传感器监测到温湿度后，通过无线电的方式上传至无线电环境监控主机，环境监控主机接收到无线电之后，通过网口上传至电脑软件平台，或者是通过以太网、GPRS上传的方式，上传至互联网，由互联网上传至软件平台（图4-4）。

无线电温湿度监控系统具有断点续传功能，若与接收主机通信失败，设备会缓存数据，待再次与接收主机通信成功后将缓存数据传给接收主机。

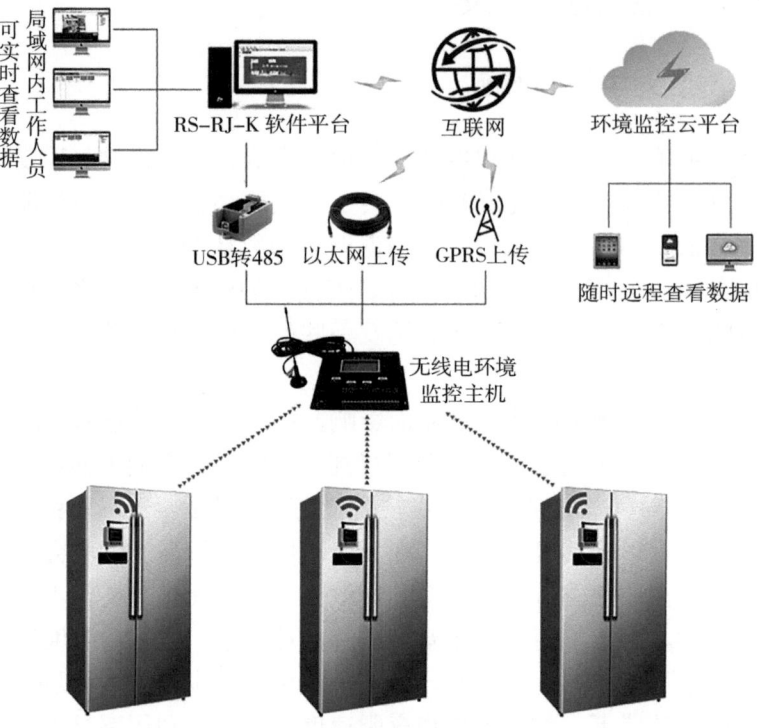

图 4-4　无线电温湿度监控系统

如果接收主机与设备通信正常，可以通过软件将接收主机中的测点的数据上传至相应软件。如果接收主机断电或者设备与接收主机通信失败，设备会按设定的存储间隔定时缓存数据，再次与接收主机通信成功时将缓存数据自动传至接收主机。

（二）网络型温湿度监控系统

网络型温湿度监测系统是由网络型温湿度监测数据后，通过网络（以太网、Wi-Fi、GPRS）上传至云平台，然后通过电脑或手机查看云平台数据，主要由以下部分组成。

1. 单片机

单片机采用 C8051f 系列单片机，系统时钟 24.5 MHz，通过 I/O 与各功能模块连接，由程序发送指令促使各模块正常工作。

2. 传感器

传感器选用 SHT10 型数字温湿度传感器，工作电压 3.3 V，测量范围是 $-40 \sim 120$ ℃和 $0\% \sim 100\%$ RH，温度的分辨率为 14 bit，精度为 ± 0.5 ℃，

湿度的分辨率为 12 bit，精度为 ±4.5%RH，通信采用 I2C 二线制数字接口。

3. 无线模块

无线模块采用 WLK01L39 型串口透明传输模块，工作电压 3.3 V，工作环境温度 −40 ~ 85℃，工作频率 470 MHz，具有载波检测防碰撞功能，串口波特率 9600 bps，空中波特率 10 kbps，可视传输距离 2000 m。

4. 键盘 / 显示器驱动器

数码管驱动及键盘控制芯片采用 CH452，带有 5 个按键和 2 组 4 位 LED 数码管，可用于显示温湿度及参数设定。

第四节　光照对牛羊的影响及监测控制技术

近年来，随着农业规模化和现代化的发展，智能监测网络越来越多地应用于储藏、种植、养殖、工业环境控制等领域中，建立有效的监测网络已经成为农业现代化非常重要的技术环节。传统的监测系统使用有线监测设备，布线困难，在牛羊场养殖环境中很难实现有效的维护。随着传感技术和基于无线网络的飞速发展，将两者相结合的无线监测系统解决了在牛羊养殖场监控系统建设中的线路问题，并且管理和维护更加方便。

一、光照对牛羊的影响

由于羊属于季节性、短日照发情的动物，故其繁殖性能受到光照因素的影响较大，主要是通过影响激素分泌而影响繁殖性能。当光照时间由长变短时，能够使褪黑素的分泌增加从而调节母羊的卵巢功能，促进母羊发情和排卵从而进入发情的季节，而此时公羊的精液品质也较高，可保证较高的繁殖性能。当光照由短变长时，母羊的繁殖性能降低，则进入乏情期（梁秀华，2024）。

合理的光照时间和光照强度有利于肉牛的生长发育，促进新陈代谢，增强对食物的需求，进而有利于产肉性能等各方面的改善。受季节影响，我国冬季日照强度比较强，足量的光照时间和强度利于肉牛抵御严寒，而夏季温度较高，光照时间和强度较大，此时应注意肉牛的防暑。光照过强可能会增加肉牛患皮炎等皮肤病的概率，光照强度过低则可能会导致肉牛自身代谢紊乱，甲状腺激素分泌过多，对肉牛的产肉能力有不良的影响。紫外线还有一定的杀菌能力，能够杀死肉牛表面的一些致病性的微生物，从而能够预防一些疾病的发生。肉牛在紫外线的照射下能够促进机体对钙元素的吸收，有利于骨骼的发育，还能促进血液中红细胞以及白细胞的生成，提高肉牛的免疫力。有研究表明，牛舍内的阳光照射强度应在 50 lx 以上，日光照时间维持在 8 h 左右，此时肉牛生长比较快速，且日产肉量最多，脂肪在组织中比例较大，肉牛的产肉性能达到最大的提高（董荣群，2016）。

光照对羊只的影响主要表现在生理机能方面，尤其是对繁殖机能具有重要的调节作用，另外对钙的吸收有一定的促进作用（杨雪等，2019）。对于羔羊而言，在一般情况下，充足的光照会产生良好的作用。日光中的红外线能够促使羊羔全身血管扩张，加快血液循环，因此对羊羔的身体健康和生长发育都有利。日光中的紫外线具有杀菌作用，还可以改善羊羔身体内的钙、磷代谢，增强羊羔的免疫能力。日光中的可见光能够促进羊羔的新陈代谢，从而对羊羔的机体健康和生长发育产生好的影响。对于育肥羊来说，在羊羔育肥的时候，应该适当增加光照时间，能够使羊羔的神经系统兴奋，刺激它的采食活动，延长采食时间。并且长光照能够刺激羔羊机体分泌促进蛋白质和脂肪合成的激素。对于老龄育肥羊而言，因为其代谢率比羔羊要低，因此应适当缩短光照，利于脂肪沉淀。对于种羊来说，缩短光照可以提高短日照公羊的繁殖能力，并且能够诱导母羊发情。

二、光照控制措施

光在很多方面连接动物与外界环境，其对动物机体的生理过程有一系列重要的影响。为保证畜禽生产性能，光色、光照强度和光周期的调控将促进动物体营养吸收和生长。

畜舍采光根据光源不同分为自然采光和人工采光，一般条件下，畜舍实行自然采光，当光照不足或者需要特殊光照时，会使用人工采光，为避免舍内温度升高，可设置遮阴设施，防止直射阳光进入舍内（马金波，2017）。自然采光时，根据地点的不同，调整窗口的朝向，窗户的面积，入射光的角度等条件，同时根据外界的温度和环境的改变调整窗帘的开启程度，确保合适的光照。人工采光时，确保设备的合适度，使设备的安置达到最佳效果。对于畜舍的光照条件，可采取分区控制的方式进行，通过遮阳机构的开闭实现配合灯光照时间和强度的调节。

畜舍修建时，应注意以下几个方面：畜舍南北窗的比例一般为 2∶1～4∶1，以保证太阳光均匀地进入畜舍之中；畜舍窗户上缘外侧与地面中央之间的连线与水平面之间的夹角，即入射角一般较大，不应低于 25°；畜舍地面中央向窗户上缘外侧和下缘内侧所形成的夹角，即透光角不得小于5°。透光角的选择可以根据实际情况有所调整，但不宜过大或者过小；畜舍的窗台高度会对透光角产生一定程度的影响，畜牧场相关饲养人员在建造窗台高度时，最好使其处于1.2～1.5 m（张新风，2016）。

第五节　牛羊声音的识别监测技术

动物声音识别和定位是研究动物行为、反映动物健康的重要手段之一，对动物声音信号进行特征辨识和定位，能够提高异常行为辨识的准确率，帮助养殖企业及时掌握畜禽健康状况。现有的声源识别和定位技术主要采用麦克风、拾音器等收录设备将动物叫声、饮水声和咳嗽声等声音信息实时录制，并建立声音分析数据库，辨识动物异常发声，对早期疾病进行预警。

国外研究学者通过对放牧动物的摄食量进行研究，从而得到动物每天的进食量，他们提出一种下颚运动识别算法，并将该算法尽可能地通用化，他们以牛、山羊和绵羊为研究对象，将采集识别仪器小型化并安装在这些动物的犄角上，结果表明该算法识别率高，具有通用性，但在噪声处理方面并不是很强，如果能够抑制噪声识别率会更高（Navon et al.，2013）。国内学者以内蒙古地区杜泊羊为研究对象，对杜泊羊的咳嗽声信号进行自动采集和识别，提出一种改进的梅尔频率倒谱系数，同时该参数与短时能量、过零率、共振峰和谱质心相互组合成特征参数，然后采用由BP神经网络改善的HMM模型对羊咳嗽声进行识别，与单独的HMM模型相比改善后的HMM模型的识别率明显优于单独的HMM模型（宣传忠等，2016）。

第六节　牛羊环境调控目前存在的问题

虽然环境调控技术能提高畜禽生产效率，但我国整体机械化水平不高，尤其是智能养殖技术与装备尚处于起步阶段。养殖环境调控、自动饲喂、自动清洁、畜禽健康识别与预警技术与先进国家尚有较大差距，而且成本较高，且缺少具有自主知识产权的设备。因此，提升养殖智能装备技术与提高畜禽生产效率息息相关。

一、技术与创新

我国尚处于环境调控探索阶段，缺乏相应的人才、技术与设备，智能养殖主要依托于引进国外技术装备，投入成本高，且引进的技术多为淘汰技术。同时，畜禽养殖的智能化控制软件因其源程序不开放，控制模型不能根据用户当地情况的变化而进行调整或自行改进，难以建立畜禽场自身有效的数据库。

二、畜禽养殖标准化体系

虽然畜禽智能化养殖装备及产品研发的企业及相关产品增加迅速，但同类型的产品毫无规范可言，基本上处于相互模仿阶段，缺乏专业的行业指导，在智能感知信息技术的数字化、精准化方面跟不上，智能养殖装备技术与针对不同区域、不同养殖模式、不同养殖规模的标准化圈舍设计、养殖工艺参数不配套，导致技术不匹配。从经营者的角度来看，畜禽养殖场经营的目的是获取养殖盈利，增加收入和控制成本同样重要，经营更追求简单化。当前大型规模化设施养殖生产工艺一方面生产效率高，但另一方面很少考虑动物福利，设施养殖畜禽健康水平不容乐观，进而影响人类食品安全。从消费者的角度而言，价廉物美、食品安全是其首要考虑。基于不同角度的需求二者如何有效结合，亦即在充分考虑技术可用性、可靠性及成本可控性的前提下，如何解决这一需求矛盾，是当前面临的困境。因此，畜禽设施精细养殖环境调控策略，首先需要在不降低现代规模化养殖生产效益的前提下，从现有规模化养殖工艺仅重视生产效益、方便组织管理的"以人为本"的技术路线，转变为"以畜为本"，探求在满足基本动物福利需求下寻求如何发挥其最大遗传潜力的技术路线。

三、理论与实际

畜禽设施精细养殖是基于现代控制理论的原理与技术，对规模化畜禽生产系统进行智能化管理的一种机制。通过对畜禽生长环境及畜禽动态生理响应进行持续监测，并生成畜禽生产过程决策所需的数学模型，使养殖者及时发现和控制与畜禽优质高产相关的生长环境问题，进而获得预期的生产结果。在现代品种选育、规范养殖工艺条件下，全球同品种畜禽的生产性能好坏与其生长环境密切相关。因此，从环境控制的角度而言，引入在工业界有着成功应用的相关控制理论与成熟技术方案来实现对设施养殖环境的调控尤为重要。但从控制论的观点来看，相比工业领域控制对象的整齐划一和标准化，畜禽生命体实现完全、最优控制的难度极大，主要挑战表现在以下两个方面：一是如何实时动态感知获取畜禽生理变化信息并准确判断畜禽生长环境是否适宜，并且如何从传统的经验型"定性"评判进化到基于数字化模型的"定量"评判。二是如何且能否在性价比合适的条件下，采用适宜的控制手段实现预期的控制目标。

四、模型与算法

实验室研究和生产实践中的数据一直处于彼此脱节的状态，实际生产仍缺乏有效的工具来广泛使用已有的数据、知识和模型，通过软件匹配技术实现对传统传感器的参数调节、校准数字化，将感知到的各种物理量储存起来并按照指令处理这些数据将成为重中之重（李卫华，2005）。

第七节　畜禽环境调控的展望

一、畜禽智能养殖技术

从畜牧业可持续发展角度来看，当前畜牧养殖产业存在的生物安全、环保安全和食品安全问题都与畜禽养殖环境调控与装备技术支撑能力不足有关。在畜禽环境智能调控、健康状态智能辨识、饲养过程智能技术装备研发方面，加强本土化技术攻关，研发具有自主知识产权的智能化福利养殖技术与装备，降低生产成本，缩短与国外技术水平差距。

二、畜禽智能养殖标准化体系

应根据畜禽养殖环境控制需求，采用标准化生产管理及控制体系，监控管理畜禽生产过程中热环境、空气质量、光环境等养殖环境，以及动物生理和行为福利的智能监测，以确保动物健康和高效生产，推进人工智能技术与畜禽养殖高度融合。

三、畜牧环境调控与智能化养殖装备科技成果转化

支持应用开发类科研院所建设科技成果转化平台，提升共性技术的研究开发和服务能力；积极扶持高等院校、科研院所、企业联合攻关和科技成果转化，使畜禽智能养殖方面的新技术、新方法、新设备从理论走向实践，从实验研究走向试验示范，为应用于实际生产打好坚实基础。

面向未来，我国畜禽设施精细养殖技术应与不同区域、不同养殖模式、不同养殖规模的标准化圈舍设计、养殖工艺参数相配套，基于可靠获取及存储原始数据的大数据信息系统，将领域专业知识数字化，优化专业算法，利用云计算、模糊识别等各种智能计算技术对海量的数据和信息进行分析和处理，合理匹配"养殖工艺—设施设备—环境控制技术"之间的关联度，以达到对畜禽设施养殖精细管控的目的，在信息感知层面的各类传感器智能化，在应用层面将专家经验模型化，促使最终用户受益最大化。从粗放养殖、注重数量，到保障畜禽产品的供给安全，再到减少环境污染、提高动物福利，我国畜牧业正在加速升级，当今世界数字化、网络化技术的快速发展，为动物福利、信息管理与自然资源永续利用的融合发展创造了新的发展空间。数字畜牧、动物福利、精细养殖等新技术、新设备不断涌现，已成为国际畜牧业发展的前沿领域。国家相关部门应高度重视并主动作为，抓住机遇尽快布局并加快开展相关科技创新，加快提升畜牧业生产、管理和服务的数字化、信息化水平，以便在未来竞争中立于不败之地（滕光辉，2019）。

参考文献

董荣群，2016. 环境因素对肉牛饲养的影响 [J]. 现代畜牧科技 (3):27.
黄华，2009. 基于 PIC18F2580 的畜禽舍环境控制系统的研究 [D]. 武汉：华中农业大学.
李如治，2011. 家畜环境卫生学 [M]. 北京：中国农业出版社.
李卫华，2005. 农场动物福利研究 [D]. 北京：中国农业大学.
梁秀华，2024. 影响牛羊繁殖功能的因素分析及解决办法 [J]. 中国动物保健，26(2):93-94.
刘继军，贾永全，2008. 畜牧场规划设计 [M]. 北京：中国农业出版社.
吕洪德，2019. 环境空气自动监测中的质量保证与质量控制探讨 [J]. 环境与发展 (5):133.
马海雯，李春旺，等，2017. 牛舍温湿度无线监控装置设计与实施 [J]. 设备管理与维修 (19):121–122.
马金波，2017. 如何调控畜舍环境 [N]. 河北科技报 (B05).

梅征, 2020. 环境空气质量监测及其质量控制措施 [J]. 低碳世界, 10(2):15–16.

滕光辉, 2019. 畜禽设施精细养殖中信息感知与环境调控综述 [J]. 智慧农业, 1(3):1–12.

王晨光, 王美芝, 刘继军, 等, 2013. 南方肉牛舍夏季外围护结构隔热性能研究 [J]. 黑龙江畜牧兽医 (9 上):51–55.

王学杰, 付震, 吴安川, 等, 2023. 牛繁殖性能的影响因素及有效措施 [J]. 养殖与饲料, 22(5):43–45.

邢小琛, 刘宇, 武佩, 等, 2017. 设施羊舍环境信息监控系统的设计 [J]. 黑龙江畜牧兽医 (3):100–103+293–294.

徐菁, 张明新, 赵云辉, 等, 2019. 环境因素对羊繁殖性能影响的研究 [J]. 家畜生态学报, 40(4):85–88.

宣传忠, 武佩, 张丽娜, 等, 2016. 羊咳嗽声的特征参数提取与识别方法 [J]. 农业机械学报, 47(3):342–348.

杨飞云, 曾雅琼, 冯泽猛, 等, 2019. 畜禽养殖环境调控与智能养殖装备技术研究进展 [J]. 中国科学院院刊, 34(2):163–173.

杨家麒, 2017. 环境监测质量保证与质量控制技术要点浅析 [J]. 绿色科技 (14):153.

杨文凯, 刘兴伟, 2009. 气温对辽宁绒山羊公羊繁殖性能的影响 [J]. 吉林畜牧兽医, 30(6):38–39.

杨雪, 卿静, 刘翰扬, 等, 2019. 浅谈肉羊养殖场环境控制 [J]. 农业与技术, 39(11):3.

张新风, 2016. 畜舍的朝向与采光 [J]. 当代畜牧 (23): 32.

STRØM J S, 谢慧胜, 1988. 畜舍内的自然通风及其控制 [J]. 国外畜牧科技 (3): 46–47.

NAVON S, MIZRACH A, HETZRONI A, et al., 2013. Automatic recognition of jaw movements in free-ranging cattle, goats and sheep, using acoustic monitoring[J]. Biosystems Engineering,114(4):474–483.

第五章
牛羊养殖智能装备与信息技术

第一节 相关技术背景

一、肉羊舍饲养殖概述

羊主要分为山羊和绵羊（如滩羊、湖羊等）两大类，是人们最为熟悉的家畜之一，至今已有5000多年的饲养历史，与中华民族文化的发展有着重要的历史渊源。且羊肉营养丰富，与猪肉和牛肉相比，其蛋白质含量高，脂肪胆和固醇含量低，因其暖胃温补之效，消费者在冬季尤为喜好羊肉。

步入21世纪，由于人为地不合理利用草地等资源，草地生态退化加剧，整体生态水平降低。同时，业内普遍认为，过度放牧是导致草地生态群落结构被破坏的一个重要原因。

适度放牧可以促进草地生态循环，也是中国草地管理的主要策略之一，食草动物采食地面上的草本禾类植物，踩踏土壤及植物并排出排泄物，对草地里的地下根系、土壤生物链中的微生物群落有着直接或间接的影响，合理地控制放牧不仅能够促进植物生长，而且能够促进生物多样性和草原生态生产力的发展，过度放牧则会破坏生物的多样性。

多数研究表明，长期放牧会减少草地物种丰富度和群落生物量，以致草地生态退化，进而影响土壤性质，草地植物在长时间过度放牧的环境下，叶片变短、节间缩短、根系分布浅等，外形也会变得矮小。在对连续放牧和不放牧草地进行比较时发现，草地植物的根系形态等22个性状中的7个性状受放牧影响较大（田新春，2021）。研究表明，长时间过度放牧会直接导致植被的覆盖度、高度生物量变低，对于肉羊而言，会导致其所摄取的营养、矿物质和微量元素不足，从而影响产量，且传统的放牧生长周期较长，随着市场需求量变大，有数据表明从 1960—2017 年，世界范围内羊肉产量由 493.03 万吨增至 1535.17 万吨，国内肉羊的消费量在 2017—2020 年 3 年间增长了 3.6%，草地的生长速度远远不及肉羊的采食速度（刘燕丹等，2021）。

最早在 1985 年开始实施《中华人民共和国草原法》，并且在 2000 年国家发展和改革委员会颁布的《退耕还林还草条例》中明确提出"还林后实施封山管理，还草后实行围栏封育"的政策，更进一步明确了禁牧政策。2003 年，新疆也开始实行"休牧育草""退牧还草"和"封山禁牧"工程。内蒙古自治区库伦旗等地区也响应"退牧还草"工程，实施"禁牧舍饲"政策。各地采取轮牧、禁牧或季节性禁牧等相关措施。

肉羊的养殖模式，逐渐由传统的放牧或半放牧转为舍饲饲养，通过科学合理的羊舍设计和饲料调制配给，可以高效利用农作物，节约养殖空间和生产成本，减少疫病的传播，保护草地等生态环境。一项研究表明，先天的草地放牧相较舍饲饲养也有其得天独厚的优势条件，放牧产出的羊肉肉质独特，蛋白质含量高，脂肪含量低，其所包含的一些人体所必需的氨基酸、脂肪酸等营养成分更均衡，而舍饲饲养的肉羊宰前活重、胴体重等标准均高于放牧的肉羊，但差异不显著，对放牧的肉羊进行一些合理的补饲，可提高肉质嫩度，同时在此研究中，实验对象群体数目较少，只选取 60 头试验羊，平均分为两栏，分别进行放牧饲养和舍饲饲养，对于大规模养殖不一定有借鉴意义（郭荣，2021）。对于新疆和内蒙古这样有着天然放牧条件的地点，固然可以发挥一些放牧的优势，但要满足大规模肉羊的养殖，则需要更大规模的草地牧场，而在南方这样空间比较有限的区域，舍饲饲养更有优势。

二、肉牛舍饲养殖概述

肉牛养殖是畜牧业发展的重要组成部分，目前已经在全国各地取得了良好的成效，肉牛的主流品种划分为本地品种和国外品种两个类别，两者在饲养方面存在一定的差异，因此使得肉牛养殖过程中存在较多有待优化的现实问题。基于此，建议采用集约化的管理方式快速提升肉牛养殖的环保指数，并且在确保食品安全的前提下，结合相关的政策强化管制水平，积极推动集约化的养殖管理工作。与此同时，还要积极丰富肉牛的品种，通过建立标准化养殖规模的管理方式，针对性提升饲料的转化率，以此确保牧草可以均衡地供给。

肉牛又被称为肉用牛，是一种以生产牛肉为主的牛类养殖品种，肉牛不仅为人们供给肉用品，还可以将其制作成为其他的副食品，是家庭餐桌的优质食材之一。目前，我国的肉牛养殖分布区域相对较为广泛，其中较为常见的有中原肉牛区、东北肉牛区、西北肉牛区和西南肉牛区四个大的区域，品种主要包含西门塔尔、利木赞牛、夏洛莱牛、鲁西黄牛、神户肉牛、南阳牛、秦川牛、晋南牛、延边牛和渤海黑牛等。

近年来，我国的经济发展已经迈向新的阶段，社会大众对于家庭餐桌的牛肉食品需求也在逐步增强，所以养殖户需要快速提升肉牛养殖的质量，积极利用规范化养殖技术不断强化对于肉牛养殖的健康管理工作。此外，还要积极解决肉牛养殖过程中存在的现实问题，逐步强化养殖人员的培训力度，使养殖人员科学利用养殖技术规范自身的养殖行为，切实解决养殖过程中所存在的安全隐患（脑明高娃，2024）。

2023年，在肉牛价格一路下滑，饲草料价格持续走高的影响下，肉牛行业出现整体亏损、局部微利的状态。市场对肉牛品种、活牛的质量要求进一步提高，但市场需求的肉牛良种数量和推广不足。同时，进口牛肉进一步挤压了国内肉牛产业的发展空间。随着市场博弈强度的不断加大，造成国内肉牛产业发展遭受了前所未有的挑战（于伟杰等，2024）。

第二节　自动精准饲料配送装备

根据《国务院关于加快推进农业机械化农机装备产业转型升级的指导意见》，计划到2025年农机装备品类基本齐全，畜牧养殖等机械化率总体达到50%。2021年11月，浙江省的规模羊场的全程机械化数字化实验，以湖羊全混合日粮精准投喂为突破口，对羊场进行机械化改造，提升机械化规模，机械化模式与配置集成创新，智慧养殖和数字化智能管控提升，研发全混合日粮精准投喂系统，致力于实现标准化配料、无缝接驳、精准自动饲喂；同时还包括活性水、DTS等畜牧养殖设备和农业技术，实现了饲料精准投喂等机械化作业和数字化管控。

按上述模式进行试验，以300头育肥公羊进行饲养测算，每天可节约饲料13%，喂料时间缩短至原来的1/3，每月节约用水17%，再结合包含环境调控、粪污处理、消毒防疫等全程自动化机械化数字管控系统，可有效将用工人数减至40%。

牛羊养殖要实现机械化、自动化和智能化的人为管理，总的来说可分为三大环节，首先是饲料的配制；其次，要对日粮和饲料进行混合和搅拌；最后，依据舍饲的设计和布置，利用自动配送小车，人为设定路线，根据不同栏中牛羊日龄、性别和品种不同，配送混合比例不同的饲料。后两者涉及机械制图、机械工程、自动化技术、软硬件结合等技术（杨环，2022），而饲料配制环节，目前依然主要由人为控制，是最重要的一环，需要对饲料原料、制作加工和混合比例严格把控，直接影响养殖经济效益。

以肉羊为例，舍饲饲养的肉羊采食的饲料可以人为地进行配给，根据羊的种类、所处生长时段和季节气候等不同，调制科学合理的饲料或给予一定的补饲，让肉羊摄入更全面均衡的营养，研究发现在干燥寒冷的冬季对放牧的肉羊（绒山羊）提供一定的补饲，可以改善其新陈代谢，对最终获取的羊肉肉质嫩度有益。在保证羊肉品质，提高屠宰率，减少疫病的同时，还可以缩短育肥周期。

舍饲饲养普遍实行分群管理，对不同种类、性别和日龄的羊进行分群，按羔羊平均 $0.8\sim1.0\ m^3$ 及成年羊平均 $1\sim2\ m^3$ 活动范围划分占地面积，再投喂饲料，如饲养山羊和绵羊的日粮也具有差异性，山羊喜食灌木嫩枝叶，而绵羊喜非禾本科草、阔叶草和草本植物等。肉羊是复胃动物，由瘤胃、网胃、瓣胃和皱胃4个胃，其中瘤胃占复胃体积的80%；肉羊的消化道长，小肠和大肠平均长度为 25 m 和 8.5 m，在消化系统中，瘤胃和盲肠最为重要，是肉羊的两大"发酵罐"，因此肉羊可在短时间内大量进食，再进行反刍，仔细"再咀嚼"，保证消化效率，这使得肉羊等一些复胃动物可以充分利用粗饲料等纤维含量较高的饲料（杨润和哈尔阿力·沙布尔，2021）。

肉羊饲料配制时要坚持以粗饲料为主，如农作物秸秆，配给用以辅助的精饲料，特别是在育肥前期，粗饲料饲喂量应占基础日粮的60%左右（于娜，2020）。像玉米秸秆这样的农作物秸秆，虽然具有较高的粗纤维含量，但直接饲喂营养价值低，且不具有良好的适口性，会降低整体的利用率。针对此情况，需科学调制粗饲料，用青贮料、微贮料等对粗饲料进行处理和转化，此秸秆类粗饲料经过加工调制后，适口性更好，营养价值得到提升，同时还能延长其储存时间。舍饲肉羊饲料来源广泛，在日常饲养中，配制饲料时应选择物美价廉的原料，特别是农产品，要注意避免同一饲料长期单一饲喂，否则肉羊的营养会不均衡，阻碍肉羊的生长发育和快速育肥增重，要在节约成本的基础上为肉羊提供丰富营养（胡松海等，2022）。舍肉羊饲料配制要注意各营养物质之间的相互作用，辅助以维生素、矿物质、微量元素和中草药等，科学合理搭配，完善日粮结构，提高消化利用率，满足育肥条件。

日常的饲喂，需要结合肉羊的生长特征，制定合理的饲养标准，提升规范化水平。饲养要遵循"少喂勤添"的原则，严禁一次性供给足量的饲料，每天至少喂食3次及以上，间隔不能少于 5 h，循序渐进地提供饲料，贯彻

"少量递增"的原则,这样饲养肉羊能够提高进食效率,避免浪费饲料。

(一)饲料精准配制与供给

粗饲料对于舍饲饲养的肉羊有着重要意义,不仅能促进羊只肠胃蠕动,还能改善羊肉品质。要保证羊肉产出的品质,首先就要确保饲喂粗饲料种类的丰富,可以利用人工牧草、树叶、农作物秸秆、农副产品及其他的一些农作物产出的剩余物,为羊群提供多种混合粗饲料,其中,秕壳和荚壳类粗饲料适口性较差,肉羊对这种饲料的利用率也较低,因此,低质粗饲料的占比不能过高。像玉米秸秆这一类的农作物秸秆常被用来作为肉羊冬季饲养的主要饲料来源一般切断或粉碎后再喂给肉羊。玉米秸秆中有丰富的营养,对食草动物而言,1 kg玉米籽粒相当于2 kg的玉米秸秆净重,但玉米的细胞壁结构比较难分解,且占玉米秸秆的80%以上,单胃动物无法消化利用,复胃动物对其消化率也只有20%～30%(吴长荣等,2021)。玉米秸秆饲料主要含纤维素、半纤维素和木质素,其含量分别为32%、27.8%和15.4%,牛羊等复胃动物分泌的酶只能降解前两者,使得木质素大大地阻碍了对玉米秸秆饲料的利用(程银华等,2014)。

一般为降低饲养成本,可就地取材,从养殖场本地或附近地区收集饲料原料,但通常要对收集到的农作物秸秆进行一定处理,通常采用较为传统的青贮法,这种方法不需人为主动加入微生物,主要靠原料自带的乳酸菌,产出的青贮饲料也是畜牧业中较为常用的饲料,但这种饲料无法做到全年稳定供应,因此需要在农作物或其他原料生长的某一段时期储存一部分青饲料,以备淡季所需,有时不是最佳收获季节,所以可能会牺牲一定的籽粒。也有养殖场在附近建有自己的饲料公司,建设青贮池用于加工生产饲料。另外,微贮法也常被用于农作物秸秆的加工中,微贮与青贮不同,需人为主动引入复合酶剂。

1. 青贮料

(1)青贮法

所谓青贮,就是先将农作物秸秆或其他原料切断,填入密闭的青贮窖中,在适宜的条件下,借助厌氧微生物的发酵作用产生酸性环境,遏制其他各种有害微生物的繁衍,调制成营养丰富并具有特殊香味的多味饲料,并实现对饲料的存放。青贮法常采用豆类作物、块茎、水生植物和树叶作为原料。有多种青贮饲料的加工方式,如青贮塔、青贮窖、青贮壕、青贮堆、青贮袋和草捆青贮等。

青贮塔一般为圆筒，经久耐用，占地小且贮存损失小，机械化程度高，但单次投入成本较大且设施较为复杂，多在大型牧场使用，不适合中小型牧场；青贮窖使用砖块、石头和水泥建成，造价较为低廉，作业比较方便，适合人工和机械，能满足不同的生产规模，但贮存损失偏大；青贮壕为长条形壕沟，两侧为斜坡，沟底和两侧墙体同样用砖块、石头和水泥建成，其优缺点与青贮窖相似，但更有利于大型机械化作业；青贮堆直接在平坦干燥的地面上铺好塑料布，并将青贮料堆在塑料布上，呈金字塔形，便于机械作业，能有效节约建窖成本，且地点选择也更灵活；青贮袋方法简单，不限贮存地点且便于饲喂，但只能人工进行作业，效率不高；草捆青贮原理技术与一般青贮方法相同，主要应用于牧草的青贮（王佳，2022）。

（2）控制含水量

青贮原料的含水量只有在合适的范围内，才能获得良好的发酵效果，减少饲料的损失，实验表明，将含水量控制在65%左右最合适。含水量过高又会导致渗液问题，在对青贮料进行压实的过程中，水分会携带着营养物质一并被挤出。青贮堆越高，渗液现象越严重。另外，高含水量会使得饲料在贮存期间损失更多的蛋白质，对于刚收割的牧草和农作物，要进行晾晒处理，天气情况不允许时，可通过添加干枯作物进行混合等方法，解决水分过多的问题。

青贮料的含水量，可通过对其进行挤压进行判断：如果能够挤出液体，则含水量大于75%；如无液体渗出，但形状无法恢复到挤压之前，则含水量为70%～75%；如挤压后具有弹性且形状逐渐散开，则含水量在60%左右；如果立刻散开，则含水量为55%左右；如果挤压后发生折断现象，则含水量已经低于55%。

（3）加工调制

经过相关实验与生产，青贮料较为理想的切断长度最低为6.5 cm，含水量较高的牧草为6.5～25 cm，半干的牧草为6.5 cm左右，玉米等农作物秸秆则为6.5～13 cm（刘道春等，2015）。切断和切碎更有助于压实，最大限度地排出空气，有效抑制有害微生物的生长繁殖，为乳酸菌创造良好的生存环境，同时，也能挤出汁液，为乳酸菌提供充足养分。研究表明，青贮料的切碎长度降低后能提高进食量，同时也能提高产奶量，但切得过碎，则无法有效刺激反刍行为。因此，切碎程度要注意适中，含水量不足时应适量加水，并在入窖时压实，尤其是窖四周边缘。

在入窖后，受到水分、含糖量和密封程度等影响，多少会有差异，即便是同一原料，出窖时的营养成分含量也会有不同，另外也要注意原料的收割时期，例如，豆科类植物的收割应在花蕾期，禾本科则是在抽穗期，玉米则是在乳熟期和蜡熟期及其之间。

2. 微贮料

（1）微贮法

秸秆微贮饲料是近年来继青贮、氨化秸秆之后，发展迅速的一种新的加工技术。秸秆微贮技术，指在农作物秸秆中加入微生物活性菌株，经水浸透并活化后，喷洒在农作物秸秆上，与青贮法相似，要求在密闭厌氧的条件下，通过厌氧发酵促进微生物生长繁殖，使秸秆纤维素、半纤维素、木质素分解转化为糖类，再经有机酸发酵转化为乳酸、醋酸和丙酸等，使pH值降到4.5～5.0，抑制有害微生物繁殖（孟令凯等，2015），制成柔软的饲料，从而改善秸秆适口性，使农作物秸秆变成带有酸香味，肉羊喜食的饲料，提高肉羊消化率并增加营养，是外加微生物发酵的一种，该技术污染少、效率高、利于工业化生产。

（2）加工调制

一般微贮可以使用上述青贮的设施，也可新建微贮窖、微贮池等。小型养殖户可以使用微贮塑料袋，也可以在经过硬化的地面上堆积处理。大型养殖户生产青贮料时秸秆要切短到5 cm以内，含水量的控制方法和标准和青贮法相似，不同的是微贮法要选择合适的酶制剂，如复合酶制剂SFE-041（李绚和景照明，2017）。

以微贮窖为例，在铡短的微贮原料入池压实的过程中，将已计算好用量的酶粉和适量均匀剂混合好，撒入原料中。窖装满后，充分压实，在最上面一层均匀撒上食盐，用量为250 g/m^2，以保证微贮料不会霉变，压实后盖上塑料布，并在上面盖上干秸秆，覆盖20 cm左右厚的土密封（罗叶强，2015）。

3. 两者比较

微贮料和青贮料无不良气味，都呈酸香味，触感松散柔软，不易发生霉变，且储存时间较长。通过化学实验，两者相较处理之前，粗蛋白质、粗脂肪和无氮浸出物都有所提高；粗纤维成分减少较为明显。经过一段时间的饲养实验，相比之下，青贮玉米秸秆营养价值更高（刘泉等，2015），肉羊对青贮料的利用率更高，适口性更好，肉羊每日增长质量更优，但效益较低，营养成分有所不同，且青贮料的制作会受季节影响，而微贮料随时都能制作（刘道春，2021）。所以养殖时要结合实际情况选择相应加工方法，例如，南方水稻种植比较发达，水稻收获之后会产生大量秸秆，可作为微贮原料，减少运输成本,避免了焚烧秸秆造成的环境污染。

4. 日粮配比

养殖的肉羊在不同时期,饲喂的混合日粮比例也有所不同,粗饲料促进羊只肠胃蠕动,改善羊肉品质,精饲料对羊只进行增肥,补充营养。对于羔羊,首先要注意锻炼其胃消化能力,应先以粗饲料为主。精饲料日采食量应占肉羊体重的 2.1%~2.3%,育肥前精粗料比例为 4:6,育肥羊精粗料比例应为 6:4,育肥出栏前一个月可加大精饲料比例,以实现快速催肥,精粗粮比例为 7:3。羔羊阶段饲料配方总蛋白质含量为 18%,每千克饲料消化能为 12.94 MJ。舍饲肉羊育肥前 20 d 饲料配方中所含蛋白质总量占比为 18.5%,每千克饲料消化能为 12.87 MJ;中期 20 d 饲料配方中所按蛋白质总量占比为 16.8%,每千克饲料消化能为 13.00 MJ;后期 20 d 饲料配方的总蛋白质含量为 15%,每千克饲料消化能为 13.20 MJ(表 5-1)(于娜,2020)。

表 5-1 日粮配制混合比例　　　　　　　　　　　　　单位:%

饲料配方	羔羊期	育肥期		
		前期 20 d	中期 20 d	后期 20 d
玉米	62.0	46	55	66
麸皮	12.0	20	16	10
豆粕	8.0	30	25	20
棉粕	12.0			
石粉	1.8	1	1	1
碳酸氢钙	1.2	1	1	1
食盐	1.0	1	1	1
尿素	1.0	0	0	0
预混料	1.0	1	1	1

(二)饲料自动搅拌设备

传统畜牧业,对于饲料的要求并不明确,随着养殖的规范化,对于饲料的质量和数量要求逐步趋于严格。搅拌设备是饲料加工中的关键设备,对养殖动物的日粮和饲料进行混合和搅拌,是不可缺少的环节,相较于人为简单地进行混合,或是直接分批饲喂,搅拌车使得肉羊采食的饲料粗精成分比例稳定,营养成分均衡,提高了饲料的质量和肉羊的生产效益。

全混合日粮(Total Mixed Rations,TMR)搅拌机自 19 世纪 60 年代出现,

始用于奶牛产业，至今被广泛应用于国外大型畜牧业（陶誉文，2020），国内目前使用的不少还是传统搅拌机，工作效率较低，搅拌质量不高，较为先进的 TMR 搅拌机都是从国外进口，且价格昂贵。现如今，国内外对于 TMR 搅拌机研究的方向各有不同，国外研究起步较早，从一开始对饲料混合方式和搅拌机结构的研究逐渐侧重于分析饲料的特性（颗粒形状、黏附性和吸湿性等），还研究了装载饲料的先后顺序以及搅拌时间对搅拌质量的影响，还有的着力于研究称重的精度，某公司搅拌车的称重精度高达 0.01 g（孟修丹，2015），更有一些搅拌车实现了自动取料功能。国内现有已投入应用的设备大部分都是基于国外现有的搅拌机进行改进生产开发，暂无详尽的结构分析和实验，目前的一些研究成果集中在搅拌机的混合原理和搅龙参数的设计和调节，致力于发现结构和搅龙转速之间的关系；研究和分析搅龙的变速方案，总结了垂直搅龙的临界转速，以提升饲料搅拌机的性能，以及研究基于卧式搅拌机的螺旋带式、拨轮式等 TMR 饲料搅拌机的混合机理（郑书童，2020）。

近年来，TMR 技术在中国受到越来越多的重视，被看作是现代化、标准化、智能化牧场的重要技术组成部分。在欧美一些畜牧业发达的国家普遍采用全混合日粮（TMR）饲养技术，而在我国现行的饲养条件下，推广 TMR 技术依然存在许多制约因素，如资金周转、牧场设计、饲养理念、饲养资源、日粮技术等（关金森等，2014）。

1. TMR 饲料搅拌机种类

TMR 搅拌机按混合室结构，分为立式、卧式和桨式三大类。其中立式分为立式单搅龙、双搅龙和三搅龙，卧式主要分为卧式双搅龙、三搅龙、四搅龙和滚轮式，主要依据螺旋数来命名（陶誉文，2020）。

桨式搅拌机，出现较早，19 世纪八九十年代开始被应用于欧美等地的畜牧业，搅拌仓内无螺旋，结构简单，不需太大动力，动作较轻，因此，一旦饲料较多，运作时间较长，就会出现机器卡住或故障等现象（孟修丹，2015）。到后期，立式和卧式这类动力更大、功能更强的搅拌机出现后，桨式就被逐渐取代。

立式搅拌机，顾名思义，是利用重力吸引待混合的饲料进入设备。它由搅拌仓和垂直螺旋搅拌机构组成，搅拌仓呈倒锥形，仓内搅龙则呈锥形，也有的呈圆柱形，将饲料由下往上搅动，而上面的饲料又随着重力下落，这样下上往返切割，循环往复，不断混合，效果甚佳，且结构简单，成本较低，所需功耗低，操作方便、稳定性高，可维持长期作业的状态（孟修丹，

2015），一经推出，就被迅速采用和推广，据调查发现，在欧美国家，立式搅拌机销量最多。

卧式搅拌机，是三者中动力最大、功能最强的，切割饲料速度快，在切割的同时推送物料，多搅龙在搅拌仓内形成对流、渗透等形式的混合，可以在短时间内达到搅拌均匀的目的。卧式搅拌机结构相较立式搅拌机比较复杂，虽然其投入成本高，有时甚至远高于后者，但得益于它优秀的生产效率，所以一些消费者仍会选择卧式搅拌机（郑书童，2020）。

2. 立式搅拌机和卧式搅拌机的相对优缺点

市场上立式搅拌机的价格要低于卧式。搅拌效果各有所长，总体差异不显著。针对搅拌饲草功能，立式机型更胜一筹，即使一次性加入大捆饲草，也不会有影响，而卧式机型，若结构不合理，很容易造成饲草堆积在搅龙上方的情况，这时就需要人工介入，同时大量饲草会加大负荷，因为卧式机型本身搅龙的距离就比较远，需要借助链条传动，情况严重时链条会断裂，而立式机型的搅龙都有各自的驱动齿轮箱，就不需要过于担心这样的问题。对于饲料装载，卧式机型更加方便，可以在短时间内完成。针对搅拌时间，卧式机型用时更短，平均每个批次可以比立式机型快 1/5～1/4，但卧式搅拌机需要更多的动力。由于立式机型依靠重力的特性，搅拌仓残留的饲料是最少的，卧式底部呈圆弧形，空间较大，搅拌之后极易造成残留，但卧式机型切割饲料的根茎或者根茎类的饲料效果明显优于立式机型。

总体来说，立式结构比较简单，不易发生故障，易损部件（刀片、搅龙、箱板和轴承）的消耗和成本更低，可靠性更高，只是要占用较高的空间；卧式成本更高，但动力更大，切割能力更强，搅拌均匀所消耗时间短。

3. TMR 搅拌机市场应用

按应用类别可分为牵引式、自走式和固定式，前者将牵引车、搅拌机和饲喂机组合连接在一起，动力由各部分自身提供；自走式由机车发动机提供所有动力。这两个携带的基本都是卧式搅拌机。固定式动力来源固定而稳定，且不需要过分考虑搅拌机占用空间的问题。都是基于立式和卧式 TMR 饲料搅拌机。

多数搅拌机由机体、支腿、进料管（口）、出料管（口）、电机、联轴器、搅龙、螺旋叶片、割刀组成，更进一步地可以加入称重系统，以保证饲喂量的精准（王帅，2018）。螺旋搅龙是机器最重要的部分，包括搅龙轴、螺旋叶片、割刀等。以卧式搅拌机为例，双搅龙或多搅龙时，每根搅龙有中间向两侧装有旋转方向相反的螺旋叶片。机器工作时，电机通过联轴器带动搅龙轴旋转，使物料在螺旋叶片的作用下都向中间堆积，当堆积到一定高度，再被重力影响，向两边地处滑落，然后再被搅龙搅拌到中间，这样循环往复，相互流动渗透，充分混合，被割刀均匀切割，等到搅拌充分后从出料口传出。

一些固定式搅拌机便是基于上述的混合原理。在固定式的基础上，又研制出了自走卧式TMR搅拌机，由机车带动，机车发动机和搅拌机电机为一个整体，电机动力源自机车发动机，需要液压动力系统进行传动，其他原理与固定式相似。牵引式由牵引架连接牵引车和自带动力的牵引卧式TMR搅拌机，两者动力分离（图5-1）。另外也有可靠性更高的基于立式机型的牵引式搅拌车，三搅龙利用重力充分搅拌，双搅龙和三搅龙混合均匀度都能达到80%～90%。

图5-1　卧式牵引式搅拌车

这三种模式，固定式动力来源稳定，方便长时间作业，且用电成本比用油成本低得多，同时降低噪声和碳排放，但另需饲喂车或人工运送饲料，研究表明一次或多次传递运输饲料，会降低均匀度；牵引式和自走式可视情况变化而改变混合方案，集成度高，即时作业能力强，搅拌完成的饲料及时饲喂，不会损失混合均匀度（金伟亮，2015）。

（三）饲料自动配送设备

在饲喂设备技术方面，国内外绝大多数自动饲喂设备都是针对肉牛和奶牛产业，对肉羊养殖业有一定借鉴意义。国内相关装备研究和应用较少，且都尚在技术研究与产品开发阶段。于啸（2016）完成了奶牛精量下料装置及下料称重控制系统设计，实现了对下料称重过程的自适应控制，但是相对更高层次智能化饲喂技术方面的研究还较少。杨存志等（2017）研制了FR-200型奶牛精准饲喂机器人，基本实现多批次小批量有规律科学饲喂。自动配送装备包括饲料调配搅拌机、饲料配送车等，在控制终端操作配送装备，结合羊圈中的监测系统，小车上的识别检测设备实时操控，应对突发情况（张帆，2020）。

如上述卧式自走式搅拌车，国外研制的设备在实现自动取料、搅拌功能外，还可以进行饲养喂养（图5-2），自走式集多种功能于一体，以燃油作为动力，车头前的装置，用于取料，并传入搅拌仓，搅拌后的饲料由出料口传出，一个人就可以完成全部饲喂流程，极大地降低了劳动成本，减少了劳动时间。

图 5-2 卧式自走式搅拌车

1. 固定式自动饲喂

国外公司设计出肉羊喂食器，主要由前后门、采食槽、饲料箱和控制器组成，每只羊配有 RFID 标签，喂食器识别各个羊只的标签信息，羊只的日龄、体重、性别等信息都包含在内，然后制定喂养计划，以保证能向每只羊提供准确数量和成分的饲料。当羊进入喂食器后，确定是该饲喂羊只后，后门关闭，饲喂结束后，再打开后门，让另一只羊进入（王利鹤等，2021）。

更智能的高科技产品由此衍生，德国 LAMKING 公司建造出的应答站，利用计算机视觉技术，识别出每只动物的特征，针对性地提供饲料和补饲，补充营养成分和矿物质，独特的设计能实现两只动物同时分别进食。

但这类的自动饲喂机器单次只能饲喂一到两只，效率不高，即便建造多个喂食器，也不能满足大规模养殖场的饲养需求，并且还要对饲养羊只的标签进行更新。

2. 悬挂式自动饲喂

悬挂式的自动饲喂设备为一个单独悬挂的饲喂机器人，类似于一个小型的 TMR 立式搅拌机容量为 3 m³，内置两个立式搅龙，外加两侧的卸料带、滑动电源关闭系统、全电力驱动、双定位系统等（王利鹤等，2021），完全可作为一个可移动式的立式搅拌机加送料机，待搅拌的饲料由传送到搅拌仓内，该机器人使用悬浮系统在谷仓附近移动，也可升高来躲避障碍。

另一种悬挂式的自动机器人，设计比较简单。采用单轨系统实现牵引，用 2.2 kW 的电动机作为主马达，配送速度可变，外加一个 680 kg 称重传感器，饲料分配采用单螺旋或双面皮带传送机。

与固定喂食器缺点相同，此类设备不能喂养过多的肉羊，后者在无人干预的情况下能喂养 300 只饲养动物。

3. 导轨式自动饲喂

一种自动饲喂机器人可沿围栏支撑轨道行走，能同时饲喂两边围栏内的肉羊，该设备整体较轻，仅由两个轮子承重，易于安装，内部同样类似于一个小型立式搅拌机，用于混合搅拌青贮饲料和精饲料，此设备要求两边围栏之间过道空隔不能太大，可写入程序，以实现 40 种粗精饲料的混合配比方式以及路径规划。

荷兰的 WP2300 智能饲喂机器人则可驱动四个轮子，有两个轮子可实现转向功能，使得机器人能辗转于不同舍饲进行饲喂作业，搅拌罐体约为 3 m³，同样也是立式双搅龙搅拌机设计，通过电导轨向机器传输电能，卸料通过传输带实施，由一块 15 英寸（1 英寸 =2.54 cm）的触摸屏控制操作（王利鹤等，2021）。这两种机器人真正实现了全天候工作，并可实现大规模养殖作业，实时混合搅拌饲料可以满足不同肉羊之间的需求。

国内一些自动饲喂机器人同样基于空中导轨实现自动喂养，只需根据羊舍内的导轨行走，基本不会出现偏差（图 5-3）。空中导轨式自动饲喂机器人原理与上述两者类似，机器人还包括了自动称重系统，可计算并统计各个围栏投喂的粗精料成分及其各自的重量（图 5-4），可在控制室大屏上获取单次不同围栏的饲喂量和成分，以确保饲喂不会出错。主要操作同样基于一块触摸屏（图 5-5），可选择混合的饲料，针对公羊、母羊、羔羊等进行不同配比，根据围栏内羊只数量，选择放料速度。

图 5-3 空中导轨式自动饲喂机器人

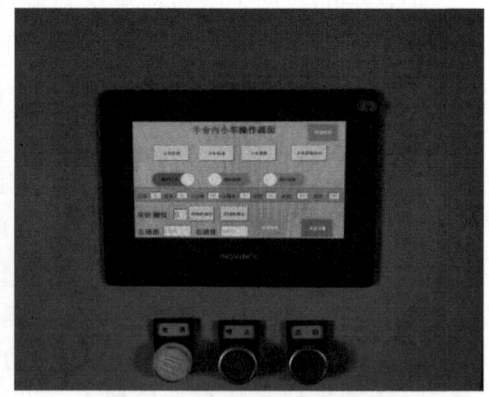

图 5-4 实时投喂结果显示屏

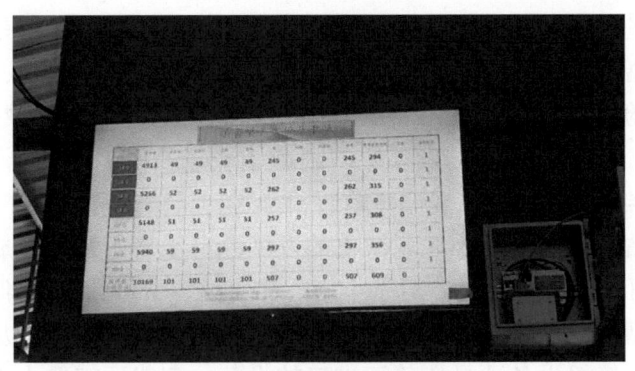

图 5-5　饲喂机器人控制端

还有地面导轨式自动饲喂，需要通过识别路径实现自主移动，或者在地面下方放置小型引导磁铁，则不需要在机器人身上加装感应器和其他多余的识别设备。但此类机器人需要配备电池并在一段时间的作业后充电，效果不如空中导轨式自动饲喂机器人。

4. 传送带式自动饲喂

此类设备智能化程度不及前面几种，只需要固定式搅拌机将搅拌好的饲料传到传送带上，并在传送带上滑动犁装置的推力作用下，均匀撒在饲喂面上，完成饲喂作业。另一种全自动地面带式饲喂系统，进料皮带被安置在羊舍中间，两边的动物可以同时进食，饲喂完成后，可对剩余饲料进行回收，避免浪费，减少清洁工作量。

第三节　自动挤奶装备

自动挤奶系统（Automatic Milking Systems，AMS）对加速挤奶过程和提高质量的贡献是毋庸置疑的，经过 20 多年的不断研究和完善，AMS 已经展现出改善动物福利的潜力，未来的研究趋势可能会往动物福利、传感技术和物联网（IoT）系统方向发展。总的来说，大部分人依然认为产奶量比产出的奶的质量更有价值，但随着健康卫生的标准不断提高，清洁操作也开始成为一个重要的研究方向。

早在 19 世纪，英国公司 WITHELL REUBEN 就发布了第一个挤奶装置相关的专利 GBT189317231A。此后，一些专利技术集中在真空室、挤奶箱（进护栏、杠杆）等（丁芳等，2022）。再后来技术成熟，出现自动化控制技术。近年来的挤奶装置的应用研究，随着计算机技术以及一些机械控制技术的突破，也呈复苏之态，包含了智能识别、智能定位、智能饲喂、智能取样、智能检测、智能管理的技术，如奶牛 ID 识别、奶牛标签识别、视觉系统机器人、自动检测乳头、自动喂食、真空泵控制，这些都与机械挤奶相结合。2015 年 5 月，国务院正式印发《中国制造 2025》，出台了机器人产业扶持政策，挤奶机器人逐渐出现并慢慢开始应用。

随着奶站和奶牛养殖小区规模化的发展，自动挤奶系统已成为规模化奶牛养殖场不可或缺的一部分。对于小型的养殖场，少量的人工即可满足需求，而中型或大型的养殖场仅靠人工进行挤奶操作，就会显得力不从心。不少牧场中的智能化挤奶设备还是依赖于进口的设备，有些还需要人工判断挤奶的开始和结束并进行手动脱杯，在家畜养殖机器人领域中，挤奶机器人是投入最大、挑战性最高、产品最多且研发时间较长的机器人。

针对奶山羊的挤奶设备，国内相关应用和技术较少，基本都是针对奶牛进行研究，且国内外设备差距较大，国内使用的挤奶机关键部件仍是以进口为主（香花，2015）。

20 世纪 90 年代初期，荷兰开始引入自动挤奶机，到 2020 年，AMS 制造商粗略估计全球采用 50000 台自动挤奶机，主要集中在欧洲（90%）、加拿大（9%）和其他国家（1%），预计到 2025 年，欧洲西北地区自动挤奶机配备率将达到 50%（丁芳等，2022）。

（一）自动挤奶系统运行规则

AMS 运行时的基本规则是遵守动物的交通方向，一共有两种：强制（引导）和自由（自愿）。在第一种方式下，谷仓被划分为躺倒区、挤奶区和喂食区。这里有"第一次挤奶"和"第一次喂食"系统（Sharipov et al.，2021）。奶牛想要进食就必须要经过挤奶区，也就是上面所说的引导，经过挤奶才能获得饲料。而喂食区是随时都可以进的，但挤奶区是奶牛的必经之路，以刺激奶牛进入挤奶箱，这种为自动挤奶而设计的动物交通方案，使每日平均挤奶次数达到 2.45～3.20 次成为可能，缺点是奶牛经常排队等待挤奶。

1. 引导式自动挤奶系统

目前的自动挤奶系统的设计因挤奶箱的数量而有所不同，如图 5-7 所示。自动挤奶系统的主要工作原件是一个多功能机械臂，奶牛进入挤奶室后，挤奶机器人开始在轨道上移动，机械臂上传感器检测出乳头的精确位置，并安放好挤奶杯。确认无误后，杯内喷嘴还是喷射温水，对奶牛的乳头进行清洁，一般在清洗时还要进行 10 min 的预挤，清洗过的水和预挤的奶都要排出，此后才开始正式挤奶。对挤出的奶还要检测其电气传导度，用来判断奶牛是否患有乳房炎，如果患有乳房炎，则牛奶中的电解质会增加，传导性增强。挤奶完成后，挤奶杯自动脱下，再一次进行清洁，并准备对下一头奶牛进行挤奶。

机器人臂的原理经过实验证明，它是挤奶过程最智能的解决方案，在整个挤奶过程中始终位于奶牛下方，机器人臂会跟随奶牛，允许它在挤奶箱中最大限度地自由移动，Lely 公司研发的混合臂将电动和气动结合在一起，用一个巨大的气缸承载机器人臂的重量，同时电气部件保证机器人臂以极高的精度进行移动，系统中的空气可以平衡机器人臂的重负载并缓冲奶牛的踢力，以保护电气系统，同时，机器臂使用三层激光系统用于提供准确的乳头位置信息，每次挤奶后，记录下乳房和乳头的位置，再结合 3D 摄像头，以精准定位奶牛在栅中的位置。

2. 自愿式自动挤奶系统

目前，DeLaval 公司致力于自愿式挤奶系统 VMS 的研究，于 1998 年生产出第一代 VMS 自愿挤奶系统机器（图 5-6），所谓自愿挤奶系统，即奶牛能按照自然习性，自主挤奶、采食、休息，挤奶过程中奶牛更放松、更健康。机械臂执行清洁、准备、处理、套杯、喷雾等重复工作，可实现高达 99% 的药浴准确率，并实现针对每个乳头的精准覆盖，节约药浴液。同时，采用真正意义上的分乳区挤奶，例如，奶牛的前两个乳头较为分开，且比后乳头高。可以根据每个乳头的不同情况提供智能的脉动和真空设置，避免过挤。

图 5-6 自愿挤奶系统机器人

（二）自动挤奶系统的分类

自动挤奶系统可以根据所使用的机械臂的类型进行分类。一些制造商生产具有特殊挤奶臂的自动挤奶系统，专门为动物挤奶。其他的一些制造商在他们的自动挤奶系统中使用工业机器人臂。根据机械臂的驱动控制，有液压驱动系统、气动驱动器和电力驱动系统。根据机器人臂位置的不同，又可以分为侧位系统和位于奶牛乳房后面的后侧系统（图 5-7）。

图 5-7 单个到多个挤奶箱

（三）自动挤奶系统的组成和难点

传统的挤奶机有3大组成部分，真空系统、脉动系统和挤奶系统。如传统的厅式挤奶机，真空泵、稳压罐、分配罐、真空调节器、真空表、真空管道以及气液分离器组成挤奶机真空系统部分。挤奶机器人由控制中心、挤奶室、自动奶杯套/脱杯装置以及末端执行机构等组成（图5-8）。自动奶杯套/脱杯装置在整个系统中至关重要。

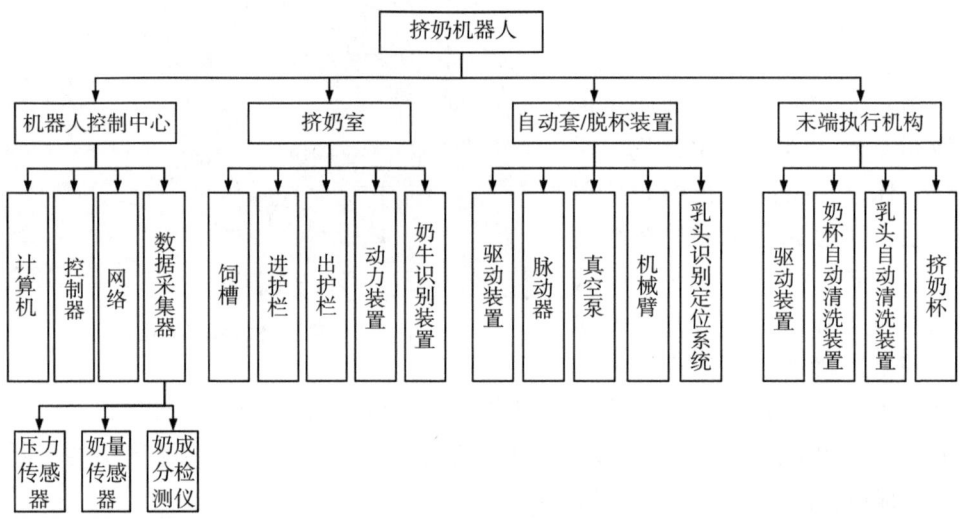

图 5-8 挤奶机器人组成

1. AMS 智能化的关键点

实现智能化的关键就在于，如何快速准确地套杯，如何判断挤奶达到一定阈值，之后又如何脱杯。挤奶机自动奶杯套杯技术是智能挤奶机器人的关键技术之一，其核心技术是乳头识别与定位，如何通过视觉传感技术识别出奶牛站立位置以及乳头位置的分布，再利用智能控制系统控制机构完成相应挤奶动作。挤奶机自动奶杯套杯装置是奶牛乳头识别与定位的载体，在其工作过程中，造成识别不准确的最大因素是目标区域里的奶牛身上以及其他区域的乳房状物体，这些物体都很容易被误认为乳房。一些特殊光照条件下乳房部位的影子以及机械手的移动都会对乳房的识别造成干扰，更不用说奶牛自身的移动了。

所以对装置的识别能力和敏捷性有很高的要求。目前，奶牛乳头识别与定位运用得较多的是激光扫描视觉传感技术，如上述的 Lely 公司研发的 Astronaut 挤奶机器人，使用的就是三层激光系统，保证装置无论在何种光线和背景条件下都能准确定位乳头，缺点是耗时稍微较长。此外，还有 3D 直接拍摄、红外成像以及结构光等技术均运用于解决乳头识别和定位上，且有一定效果，但都存在着性能不稳定、耗时较长、套杯准确率偏低的情况（Cogato et al.，2021）。

李小明等（2020）提出基于双目立体视觉的挤奶机自动奶杯套杯方法，利用计算机视觉技术，使用相机，先进行图像标定，再通过图像分割、立体匹配、三维重建等过程，实现了自动奶杯套杯，实际上先对奶牛乳头进行定位，套杯成功后，再用搭载的智能设备执行挤奶操作，针对奶牛的挤奶杯型号与肉羊的应有不同。

就挤奶机的挤奶原理而言，为排掉乳房中的牛奶，在挤奶机对奶牛挤奶时，乳头末端的真空保持某个水平的真空度，以产生乳房内外压强差，促使乳房内的牛奶挤出（李小明等，2020）。奶牛的乳头因此承受了两个作用力，一个位于乳头根部的环形唇腔真空，另一个位于乳头末端的内套真空。在挤奶的过程中，还要激发奶牛释放催产素，使腺泡乳进入乳池，且不损害乳房，挤奶机一般运用脉动的技术，由脉动室实现功能，它是奶衬和奶杯外壳之间的一个空间。在脉动器的作用下，脉动室的真空随时间周期性变化，从而使奶衬不断张开和闭合。奶衬在一个完整的脉冲周期进行脉冲运动时，当脉动室真空逐渐增大，奶衬内外的压差减小，奶衬逐渐张开，在奶牛乳头下端恒定真空的作用下奶牛乳头乳池的乳汁开始被排出。脉动室真空达到最大时，奶衬此时完全张开，乳池中的乳汁才被大量排出，真空逐渐减至最小，奶衬也随之慢慢闭合，乳头休息不再排出乳汁。

另外，奶量的计量也是研究的一个关键点。东忠阁等（2017）采用计量杯式装置及磁浮子传感器相结合的方法进行奶量的测量，同时用二极电方法检测奶牛乳房的电导率，从而预判断乳房炎，也能实现非接触式的自动快速计量。香花等（2015）提出基于嵌入式的自动挤奶控制系统，集成了自动识别、自动挤奶等系统，并用基于红外光幕的计量技术代替传统的人工记录产奶数据。

第四节　粪污清理设施

一、牛羊粪污对生产的影响

如今集约化的肉牛羊养殖模式采用科学的管理方法大幅度地提高了肉牛和肉羊的养殖效率和综合效益，但同时也导致了粪污等废弃物在舍内的过度集中，对牛羊群造成不利的影响。由于在牛羊舍内的粪污、垫草、垫料以及饲料残渣混合发酵产生以氨气和硫化氢为主要成分的有害气体，常见于夏季、寒冷季节通风不良的密闭畜舍，其中牛羊粪污产生的影响最大（冯曼等，2020）（图5-9）。刚排出的牛羊粪中含有氨气、硫化氢和胺等有害气体。牛羊粪在舍内大量长期堆积产生的恶臭和有害气体具有强烈的刺激性和毒性，直接影响牛羊的健康和生产性能，间接危害在舍内工作的养殖人员的身体健康。牛羊舍内污浊的空气，容易导致牛羊群慢性中毒、生产力下降。因此，在肉牛羊养殖特别是集约化养殖过程中及时清理产生的粪污，改善舍内的空气质量，保障羊群以及养殖人员的健康和福利，是养殖过程中重要的一环。

图 5-9　集约化羊舍

二、粪污清理工艺

畜禽养殖的清粪工艺是整个养殖过程的一个重要组成部分，是决定畜禽养殖场是否能够成功的关键因素之一。一个好的清粪工艺应该满足以下几点原则：①保持舍内清洁、干燥、防滑的地面。②尽量避免动物和工人长期暴露在粪便挥发的刺激有毒气体中。③尽量少用人工，尽量减少收集、储存、运输粪便的费用。④遵循各级法规和政策。目前国内的羊场清粪工艺主要可以分为水冲粪和干清粪两种方式，而干清粪又可以分为人工清粪和机械清粪两种方式。对于清粪工艺的选择应该根据当地的资源条件、经济发展水平、劳动力资源状况等实际情况综合考虑（庞建建等，2021）。

（一）水冲粪

水冲粪的清粪方式是在羊床漏缝板下采用凹槽设置下粪尿道，下粪尿道口与紧贴舍外的粪尿沟相连，通过在粪尿沟的不同位置设置冲水器，由冲水器每天多次定时放水冲洗粪尿沟，使粪污通过粪尿沟进入排污主干沟，最后在贮粪池内滞留贮存。水冲粪工艺的工作过程，劳动效率高，劳动强度小，而且能够有效地、及时清除场舍内残存的粪污，使羊舍保持较好的环境卫生，更加有利于饲养人员和羊群的身体健康，该清粪方式适合在劳动力相对缺乏的地区应用。其缺点是用水量非常大，浪费水资源比较严重，而且如果直接对畜禽圈舍内的粪污进行水冲的话，会产生大量的污水。污水中含有大量固形物增加了处理程序和处理难度，必须进行固液分离（张敬杨等，2021）。而且，污水经过处理后一半只能作为灌溉用水和冲洗用水，不符合当今环保政策的要求。一般养殖场都会采用干清粪完毕后再使用水冲粪的方式保证圈舍内最终的干净（图5-10）。

图 5-10　水清粪工艺

（二）人工清理

传统的畜禽养殖的过程中主要通过人工方式进行清理。人工清粪主要依靠工人使用铁锹、笤帚等工具先将粪污收集成堆或直接装入小运粪车，运到舍外的粪便处理厂。这种清理方式虽然简单但是存在着很多问题，特别是在集约化的养殖模式下，工人清理的劳动强度过大，并且清理的效率低下。随着人工成本逐年增加，养殖场需要长期雇佣大量的工人进行清理，就需要承担大量不必要的成本。舍内污浊的空气也会对清理工人的身体健康造成不利的影响（庞建建等，2021）。经过人工收集后的粪便不能及时运走，会占用养殖场区大量的土地，大量粪污会滋生蝇蚊，散发恶臭，从而对场区周围的环境造成污染。所以这种清理方式一般只适用于规模较小的养殖场。

（三）机械清粪

鉴于国家对提升畜牧业机械化水平的要求，以及我国畜牧业朝着集约化、规模化发展的需要，机械清粪已经成为国内规模化养殖场的主流清粪方式，并且已经得到了广泛的应用。目前，我国集约化养殖场常用的粪污清理设备主要分为环形链式清粪机、牵引式刮板清粪机、输送带式清粪机、螺旋式清粪机（何占松等，2021）。

1. 环形链式清粪机

主要由电机驱动系统、转角轮以及带有刮板的环形链组成，主要应用于拴养工艺的牛舍，在运作时，电机减速系统驱动主动轮转动，带动环形链沿粪沟底部移动，从而驱动链环上的刮板进行清粪作业（图5-11）。各刮板固定在链环上。环形链式清粪机既可以水平布置也可以在末端倾斜布置，以便于直接将粪污装入运输车内。

图 5-11　环形链式清粪机

2. 牵引式刮板清粪机

牵引式刮板清粪机是使用范围最广，种类较多的一种粪污清理设备。由刮粪板、转角轮、牵引机、牵引绳、限位器、清洁器、张紧装置组成（图5-12）。该设备一般为双刮板双列粪槽工作式，主要工作原理为：电动机经减速机将动力传到主动辊轮，靠牵引绳与辊轮之间的摩擦获得牵引力，从而带动刮粪板进行清粪工作，当一个刮粪板作为工作形成，刮板自动落下进行清粪作业时，另一个作为空行程返回的刮板自动抬起，刮粪板行走一个往复行程便完成一次清粪工作。牵引绳上的污物由清洁器清理。刮粪板的往复行程由限位器上的行程开关控制。牵引机的牵引力通过安全

图 5-12　牵引式刮板清粪机

离合器来调整。并在牵引符合超过安全值时起保护作用。当牵引绳紧力下降，牵引绳打滑时，电器保护系统立即起作用——停机。牵引式刮板清粪机主要适用于集约化羊舍和隔栏散养牛舍的清粪作业（何占松等，2021）。

3. 清粪铲车和自走式清粪车

除了上述应用比较广泛的清粪机外，还有一些养殖场经常采用的其他的清粪装置，如铲车和自走式清粪车等，铲车一般用于牛舍的清粪作业，铲车前端类似于刮板，牛舍需要清粪时，驾驶员开着铲车沿着牛场粪道移动，铲车前端将牛粪推到粪道一段。由于牛舍通常是棚舍，所以利用刮板或者铲车可以把牛粪从舍内清除到舍外。由于铲车必须在舍内没有牛的情况下使用，并且铲车在运行时产生的噪声比较大，可能对牛造成惊吓，而且价格比较高，操作也不灵活，自动化程度也不够高，所以现在的养殖场大多倾向于使用刮板清粪机进行清粪（彭晓培等，2020）。自走式清粪车适用于牛舍、猪舍等各种养殖场的牲畜粪便的清理，由机架、发动机、储粪箱、双螺旋清粪装置、输送装置、行走装置等结构组成。前方的刮板能够将粪污清理起来，再利用链条式刮板将粪污导入到后车厢中，后车厢带有自卸功能，操作简单方便，这类清粪车操作简单，操作人员可以根据粪污的薄厚自行控制车前进的速度，车厢带有自卸功能，能够大大减少人力工作的强度（图5-13）。

图 5-13 清粪铲车和自走式清粪车

三、智能化粪污清理技术

现今畜禽养殖场大量使用的普通刮板清粪机虽然极大地提高了清粪的效

率，为集约化的养殖场节省了很多人力成本，但是定时清理的机械刮板可能在清理粪污中存在运行异常，如由于粪污量过大或者粪道存在异物导致的刮板姿态异常，从而使粪污清理不彻底，甚至产生故障，影响其使用寿命，并且在工人无法观测的情况下如果出现故障会导致粪污堆积，导致后面维修的困难（胡振楠，2021）。随着物联网和人工智能的发展以及集约化、规模化养殖场对于自动化设备的需求，已经出现将传感器和人工智能技术与普通机械刮板或者其他清粪机械结合的智能清粪设备。现在有很多的清粪机厂家在刮板处安装传感器，并且将以前单纯的电机控制终端改为了信息化控制终端，能够实现刮板在运行过程中遇到牛腿之后就会自动停止工作，牛腿移开之后自动启动，保障牛的安全（图5-14）。并且在遇到障碍物或者出现故障时会及时通过通信设备向终端发送警报，工作人员能够及时地收到警报，降低了设备维护的难度和成本，现在这种装置已经应用到真正的养殖场生产环境之中。

图 5-14　感应式刮粪机

为满足小规模养殖户的智能化养殖需求，目前已经研究出了粪污智能清扫小车（图5-15），小车包括自动行走、板间清扫、远程通信等功能。使用PLC作为主控制器，小车在实现自动清扫粪污的同时可以对舍内的有害气体进行检测并实现监控终端对小车的远程操控，使畜禽养殖清洁化、智能化，切实降低劳动成本，减少人畜接触，并提

图 5-15　智能清粪小车

升了畜产品产量和品质，提高了养殖效益，并能满足环保要求。本技术通过智能程序对清粪系统进行操控，降低管理人员的工作难度，为智能化养殖进入农村中小养殖户家中打下了基础（张敬杨等，2021）。

参考文献

程银华, 雷雪芹, 徐廷生, 等, 2014. 玉米秸秆揉丝微贮与传统青贮饲料发酵过程中 pH 和微生物的变化 [J]. 西北农林科技大学学报 (自然科学版), 42(5):17-21.

丁芳, 赵慧敏, 陈慧君, 等, 2022. 全球全自动挤奶机器人领域专利技术发展阶段分析 [J]. 中国奶牛 (1):26-30

东忠阁, 王军, 蔡晓华, 等, 2017. 高精度自动挤奶计量检测装置 [J]. 农机化研究, 39(5): 84-89.

冯曼, 卢冬梅, 张伟涛, 等, 2020. 羊粪污处理模式浅析 [J]. 北方牧业 (8):1.

郭荣, 2021. 舍饲和放牧模式对阿尔巴斯绒山羊肉品质及脂肪、蛋白质代谢相关指标的影响 [D]. 呼和浩特: 内蒙古农业大学.

何占松, 屈顺全, 2021. 常用畜禽粪污清理收集设备简介 [J]. 现代畜牧科技 (3):3.

胡松梅, 龚泽修, 张翠永, 等, 2022. 不同添加比例的稻草、玉米秸秆混合青贮饲料品质分析及其对荷斯坦牛干物质采食量和产奶性能的影响 [J]. 黑龙江畜牧兽医 (4):100-105.

胡振楠, 2021. 寒地密闭猪舍智能清粪控制系统研究 [D]. 黑龙江: 东北农业大学.

金伟亮, 2015. 螺旋带式动物饲料搅拌机的结构设计与研究 [D]. 合肥: 安徽农业大学.

李小明, 杨开锁, 李军辉, 等, 2020. 基于双目立体视觉的挤奶机自动奶杯套杯技术研究 [J]. 中国奶牛 (12):42-45.

李绚, 景照明, 2017. 秸秆微贮饲料技术操作要点 [J]. 畜牧兽医杂志, 36(6):100-101.

刘道春, 2021. 玉米秸秆青贮和微贮利用技术 [J]. 浙江畜牧兽医, 46(4):18-20.

刘泉, 鲁群, 花卫华, 等, 2015. 微贮稻草与青贮玉米秸秆饲喂山羊的效果对比 [J]. 江苏农业科学, 43(7):236-237.

刘燕丹, 乌日力嘎, 李元恒, 等, 2021. 不同放牧制度下典型草原生产效益与生态效应 [J]. 内蒙古大学学报 (自然科学版), 52(4):425-436.

罗叶强, 2015. 秸秆微贮饲料在肉牛、肉羊养殖中的应用与推广 [J]. 科学种养 (1):47.

孟令凯, 郭春华, 彭忠利, 等, 2015. 微贮牧草对山羊生产性能、饲粮养分消化率和消化道微生物数量的影响 [J]. 饲料工业, 36(3):48-52.

孟修丹, 2015. 国外饲料搅拌车发展概况 [J]. 农业工程, 5(5):145-148+152.

脑明高娃, 2024. 肉牛养殖存在的问题及规范化养殖技术 [J]. 北方牧业 (7):16.

庞建建, 2021. 规模化猪场清粪技术现状与建议 [J]. 甘肃畜牧兽医, 51(6):4.

彭晓培, 黄可京, 郭翼, 等, 2020. 国内畜禽场机械清粪方式调研报告 [J]. 当代畜牧 (7):3.

陶誉文, 2020. 分析 TMR 饲料搅拌机的种类及选择 [J]. 农业技术与装备 (1):26+28.

田新春, 2021. 禁牧和休牧对草地生物多样性的影响及其推进措施 [J]. 甘肃农业科技, 52(10):79–84.

王佳, 2022. 探究青贮饲料的加工、调制与饲喂 [J]. 中国动物保健, 24(2):81+83.

王利鹤, 李颖, 赵永来, 2021. 自动饲喂机的国外研究现状及发展趋势 [J]. 农机使用与维修 (10):9–12.

王帅, 2018. 牛羊饲料搅拌机构的设计 [J]. 农业科技与装备 (3):31–32+35.

吴长荣, 代胜, 梁龙飞, 等, 2021. 不同添加剂对构树青贮饲料发酵品质和蛋白质降解的影响 [J]. 草业学报, 30(10):169–179.

杨环, 2022. 畜禽养殖环境调控与智能养殖装备技术研究 [J]. 畜禽业, 33(2):74–76.

杨润, 哈尔阿力·沙布尔, 2021. 舍饲肉羊的饲料配制和饲养管理技术 [J]. 养殖与饲料, 20(11):81–82.

于娜, 2020. 浅谈舍饲肉羊高效养殖技术要点 [J]. 中国畜禽种业, 16(4):110.

于伟杰, 王瑞波, 2024. 肉牛养殖中存在的问题及对策 [J]. 北方牧业 (13):22.

张帆, 2020. 羊只饲喂机器人控制系统研究 [D]. 呼和浩特:内蒙古农业大学.

张敬杨, 谢佳伟, 梁宇涛, 等, 2021. 畜禽养殖清粪技术进展及发展建议 [J]. 河北农机 (19):2.

郑书童, 2020. 国内 TMR 混合机研究现状分析 [J]. 新疆农机化 (1):26–28+38.

COGATO A, BRŠČIĆ M, GUO H, et al., 2021. Challenges and tendencies of automatic milking systems (AMS): A 20-years systematic review of literature and patents[J]. Animals,11(2):356.

SHARIPOV D R, YAKIMOV O A, GAINULLINA M K, et al., 2021. Development of automatic milking systems and their classification[J]. IOP Conference Series: Earth and Environmental Science, 659(1):012080.

第六章
畜产品加工溯源系统

第一节　畜产品质量监管

一、畜产品质量监管概述

畜产品是人们平时最常食用的产品种类之一，畜产品与所生产动物的健康息息相关，通常健康动物生产的畜产品质量较高，反之可能危害人们的健康。因此，应切实实施畜产品溯源，溯源中记录动物成长过程的数据和分析是实现动物规模化养殖、流通、物种改良的重要保障。

二、我国畜产品质量安全管理工作现状

1. 初步建立了畜产品质量安全管理法律法规和标准体系

近年来，国家立法机关为确保动物源食品安全制定了《中华人民共和国食品安全法》《中华人民共和国产品质量法》《中华人民共和国进出口商品检验法》等一系列相关法律法规，旨在以法律的形式，加强对动物源食品的质量安全保障，让人们能够放心食用动物源食品。这些法律为我国的动物源食品质量安全奠定了基础保障，同时各省地方政府，针对食品安全问题，也出台了相应的规章，从而对食品安全法律法规作出了补充，进一步加强了我国食品质量安全法律法规和标准体系的完善。

2. 正在逐步建立畜产品质量管理监管机制和监管体制

完善的监管机制和监管体制对畜产品质量安全具有至关重要的影响，目前，在国家层面主要由卫生健康委、农业农村部、市场监督管理总局等部门共同对畜产品质量安全进行监管。在省、地区以及县等地方政府，也设立了

专门负责监督食品质量安全的监管机构,对畜产品的质量安全实施管理。当前,我国已初步具备了行之有效的畜产品质量安全监管机制和监管体制。

3. 初步形成了畜产品质量管理科技支撑体系

我国的科学技术水平得到极大提高,各种高新科学技术被广泛应用于各个领域的生产建设之中,对于我国畜产品质量管理领域,其科技力量正在不断增加。随着科技力量投入比例的不断增大,目前我国已初步形成省、市、县及一批公益性畜产品质量安全管理平台和检测机构,形成了畜产品质量安全管理的科技支撑体系,对畜产品加工质量安全控制进行有效监管,促进监管机制和监管体制的不断完善。

鉴于畜产品质量及其监管体系的现状,致力于维护市民的健康和绿色畜产品监管体系的运行,进一步探究有关畜产品的生产、流通、上餐桌等环节的安全问题,构建更为合理的绿色畜产品质量管理系统。畜产品质量管理系统引入先进的网络技术有着重要的意义。

就消费者而言,畜产品质量管理系统的建立在畜产品从农田到餐桌的这一过程中发挥着"清理剂"的作用,将为这一过程注入绿色的血液,既能从源头管控有害畜产品,也能保证进入消费者口中的是绿色食品。就畜产品市场而言,畜产品质量管理系统的建立将使畜产品信息得到共享,实现质量好、价格好,使得畜产品市场受价值规律的影响而有序地运行。就畜产品生产而言,畜产品质量管理系统的建立一方面能够提高我国绿色食品的生产效率,使得生产机械化、高科技化;另一方面可以提高畜产品的含金量,与此同时,技术含量的提高也能大大增加一线畜产品生产工人的收入。就经济效益而言,畜产品质量管理系统的建立充分保证了畜产品的质量安全,得到消费者信任,能够引起蝴蝶效应,形成规模效益,起到试点的作用,大大增强了农业的竞争力,提高经济效益。

在当前我国的经济形势下,特别是随着我国经济结构不断转型升级,加强对畜产品质量安全管理建设,促进畜产品生产发展的规范化,是当前畜产品企业及整个行业发展建设工作中最重要的内容。

三、畜产品质量安全监测中存在的问题

1. 养殖基数大,养殖方式复杂,畜产品质量安全溯源困难

现阶段中国的畜牧业主要由传统饲养方式与现代化养殖模式组成,在广大农村传统养殖仍占据主要地位。畜禽品种复杂,养殖规模较小,从事畜牧业生产经营的主体责任人数量巨大,家家搞养殖、户户有畜禽的局面比较普

遍。人畜混居，放养散养，混放混养，传统方式喂养，经济效益低下，养殖模式落后。待出栏时，有大量从事贩卖畜禽者到各村各户收购畜禽，再转手贩卖给屠户，或者将收购畜禽统一贩运至畜禽交易市场，然后屠户再购买，过程中有可能畜禽经过多次贩卖，从而导致无法追踪溯源。

2. 畜禽养殖投入品的污染，违禁添加物的使用，养殖环境条件不规范引起病原传播

由于存在大量的传统养殖模式，广大散养户对疫病防控认识不足，存在乱用抗生素、滥用兽药、不遵循休药期的管理规定的现象，易引起畜产品兽药残留超标。有的农户饲养模式还很粗放，不注意科学喂养，有些甚至为了追求利润最大化，从促进快速生长、控制疫病发生等目的出发，超量或违禁添加矿物质、防腐剂和类激素等，这也使得畜禽产品质量安全面临巨大的挑战。有的饲料生产厂商对于饲料原料控制不严，导致饲料有害物质超标，或者在生产、加工、销售、使用过程中，饲料储存不当而发生霉变，都极有可能将有害物质通过饲料途径对畜产品造成污染。养殖环境条件不规范，生产区与生活区，清洁区与污染区的设置不科学、不合理，废弃物的随意丢弃和养殖污水的随意排放易造成大量病原微生物繁殖、传播，甚至引起疫病扩散造成更大损失。

3. 畜产品质量安全监测技术需要提升

畜产品质量安全和每个人的利益息息相关，目前我国监测技术在不断进步，同时各地区在开展畜产品质量安全监测工作前都制定出相关流程确定监测方法，不过部分地区畜产品养殖中存在药剂随意添加的情况，相关药剂的监测技术也需要及时更新，监测手段的利用还存在局限性，主要体现在一些农村地区畜产品质量监测流程依然落后，不能对全部项目进行及时准确的检查，导致无法真实反映畜产品情况。

4. 检验设备不完善

在监测技术的应用过程中，部分地区的仪器和设备较为落后，导致在实际畜产品质量监管的过程中容易出现数据失真情况，最终影响监测结果。另外畜产品监测过程中抽样监测方法不科学。通常情况下，在监测畜产品质量的过程中会利用到抽样监测方法，以此节约监测时间，降低工作量。不过一些监测人员存在选取样本数量少的情况，导致一批畜产品的监测真实性无法得到保障（章心平，2021）。

5. 监管力度需要加强

在畜产品质量安全监督管理的过程中，不仅需要动物防疫部门发挥作用，同时也需要加强和市场管理、环境保护、工商管理等相关部门的配合，共同开展畜产品质量安全监管工作。不过目前主要是动物防疫部门单打独斗，在处理相关问题的过程中容易受到诸多不利因素的影响。此外，在新时期还需要继续对畜产品的质量监管法律进行完善。

第二节 溯源系统

在畜产品质量监管体系下，加工溯源系统在保护菜篮子安全中发挥重要作用。畜产品溯源所用耳标内置芯片可保存动物的ID号码作为动物的"身份证"，具有能够记录动物出生以来生长信息的功能，包括动物品种、生活所在地、健康状况等，通过采集设备可直接将这些信息记录上传至畜产品溯源系统数据库中，管理者可以通过系统后台查看这些信息，且系统可自动对这些数据进行统计，减少了人工统计的麻烦，消费者购买了畜产品后也可联网扫描产品的数码获取动物的有关信息。

畜产品的溯源系统是在食品的整个供应链体系中利用各种信息及电子技术将产品的各类信息采集并存储记录下来的质量保障系统。对于畜产品的溯源系统来说，这个供应链包括牲畜养殖、运输、屠宰、肉制品批发、深加工、零售的全过程。

国外对于畜产品溯源的研究及应用要早于国内。英国在1996年疯牛病事件之后就建立了基于互联网的家畜跟踪系统（CTS），加拿大也从2002年起开始施行对于活牛及牛肉制品的强制性标识制度。澳大利亚、日本以及欧盟等均对畜产品的身份系统和质量追踪等系统进行了构建，并对畜产品均采用了强制性标识制度。在国内，追溯系统由于肉类加工行业的信息化程度的限制，能够付诸实际应用的很少，但也不乏成功的应用案例。由北京永泰普诺玛开发，并在上海某食品有限公司实际运行的"RFID屠宰加工实时生产管理和安全信息追溯系统"，实现从活体动物入厂到屠宰交易的全程实时生产管理。该系统在上海市2006年9月的"瘦肉精"中毒事件中，应用肉类食品安全信息追溯技术，对事件的解决和防止危害范围的进一步扩大起到了决定性的作用。但是诸如此类的畜产品的追溯也只是实现了牲畜从入厂到屠宰交易的全过程，而并没有对牲畜的生长过程及环境进行实时监控和记录。由此可见，畜产品的溯源系统仅利用互联网是不够的，所以将物联网的概念和技术引入溯源系统的研究和构建中是极其必要的。对于物联网的理解可以分为两个主要部分，一部分的主体是互联网，另一部分是由射频识别装置（RFID）、全球定位系统（GPRS）、Zigbee通信协议和激光扫描器等构成的传感器网络。在畜产品溯源系统中，物联网可以用来监控牲畜生长环境情况，为系统提供牲畜在生长过程中的基础数据，使得溯源真正地从源头开始，在保障食品安全方面具有重要的社会意义。

一、溯源系统搭建

畜产品产业链体系分析，是畜产品追溯体系建设的基础。因此，为了更好地对畜产品产业链溯源指标进行筛选，使溯源指标满足追溯的要求，溯源指标筛选过程中应采用尽可能标准化和简单化的产业链模式。一般而言，畜产品产业链由四个环节组成：养殖环节、屠宰加工环节、运输环节及销售环节。产业链的表现模式是一个网络结构，由物流、信息流等连接而成。

1. 信息整理和收集系统的设计

首先是信息采集模块的设计，信息采集主要包括两种模式，一是实地采集，二是结合已经收集完毕的信息，与质检中心取得联系。实地采集的内容主要涉及与畜产品质量安全有关的生产因子，也要对接区域运输物联网，实时与监控系统进行对接，收集基本的数据。质检中心的信息传递，主要依靠的是质量安全远程监控系统的力量，来实现一系列工作的对接。其次是信息入库模块的设计。畜产品的质量监管主要涉及4个方面的内容，一是用户身份验证，二是基本数据的整合，三是信息，四是内外网关联更新。在具体实践的过程中，系统会事先审查用户登录资格与权限，确认准确无误以后，对上报信息进行预分类和归纳，接着建立索引，最后能够实现内外部网络协同跟进；再次是分类与统计的设计，主要涉及不同企业基本资料搜索、安全生产因子审查、生产和销售报表检索、流程视频监制等功能。企业基本资料搜索，主要以名称的检索和行政区划的分类为主，企业信息的查询方式是多种多样的，而展现出来的形式也大多是以文字描述和表格为主。安全生产因子分类，主要针对企业产品的品种，以及产品上报的时间和因子的名称，具有十分明显的综合性特点，以报表的形式输出。最后是安全监督和检测模块的设计，这一模块能够把畜牧养殖基地、奶站、屠宰点等质量安全检测站点都纳入统一的服务范围内，并收集相关的信息上传到服务器上，服务器对这些基本的数据进行规范化处理，建立索引，完成信息入库。管理人员可以随时在服务器上进行查阅和检索，重点观测监测区内，畜牧产品加工生产链的运作状态，并分析其变化的动态和规律，制订调整方案和计划，结合已经建立索引的信息，实现安全生产因子自动预警，开展一系列的产品追踪和预警分析工作。总的来说，畜产品质量安全监测系统主要涉及信息上报系统，信息分析管理系统和地理信息管理平台这三个主要部分，分别囊括了用户登录、统计分析、可视化表达这些基本的功能，能够实现动态监管和时空分析。

2. 安全监测系统功能的设计

首先是对风险的识别和预估分析。这一功能背靠宏观上畜牧产品市场销售的基本规范和标准，能够充分收集畜牧养殖基地的安全生产因子，并发挥出预警的作用，在可视化地图上显示出预测的地点，反映出风险的类型和风险的等级，方便工作人员采取相对应的解决措施和方法。其次是序列化的时空监测。这一功能以时间顺序为序列，强调的是对动物疫病的监督和分析，并定位疫病发生的地点和传播的范围，能够为动物疫病的防治收集全面的第一手资料，帮助工作人员探究疫病的规律和发生情况。最后是产品追踪和预警分析功能。这一功能主要针对的是已经引发质量安全问题的畜产品，强调的是对其市场流向的追踪和影响的预警。系统可以对畜牧养殖基地的销售记录和销售客户的位置进行定位，由此来分析问题产品的市场流向，展开迅速的追踪。同时，系统也可以对销售客户覆盖的范围，以及周边的人口分布状况，选取更加合理的缓冲方法，确定合理的缓冲半径，明确畜产品影响的范围和影响的程度，为后续农业政府机构的响应提供科学依据。以上这些足以说明，畜产品质量安全监测系统的实现，运用了专家知识系统库等先进的技术，以基础地理数据库和畜产品质量安全为基础。

二、溯源指标的筛选

溯源指标筛选过程中应考虑以下情况：实际生产中畜产品产业链可能包括其中的一部分或全部环节；运输可能在产业链的每个阶段都会发生，但运输环节记录溯源指标有可能极为相似；屠宰和加工可能在同一工厂也可能在不同的工厂，但是原则上记录的溯源指标仍然相近；不同环节交易过程中的原材料、成品和半成品所记录的溯源指标类型基本相同，具体产业链结构模式见图6-1。

英国"疯牛病"、比利时二恶英及苏格兰大肠杆菌污染食品等一系列食品安全事件直接推动了现代溯源技术的开发工作；有效的溯源指标是溯源的关键，产业链溯源指标的规范对产品的认证、产品召回及生产过程优化等起重要作用，具体溯源指标的作用见图6-2。

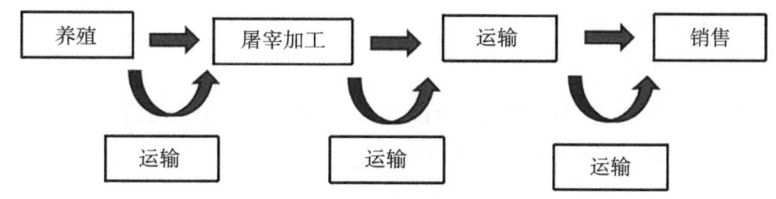

图 6-1　产业链结构模式

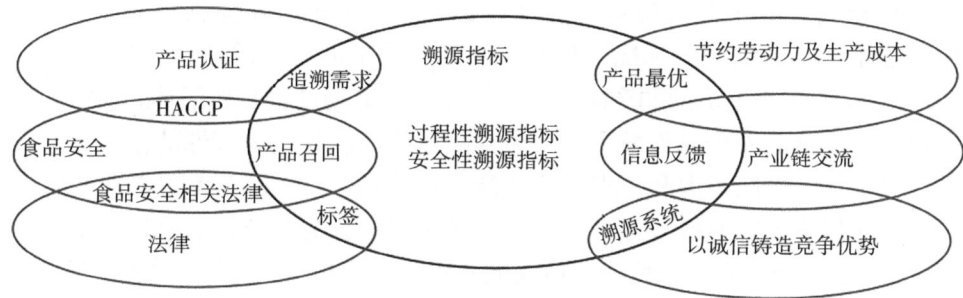

图 6-2　溯源指标的作用

1. 溯源指标筛选的原则

筛选的指标首先具有可追溯性，即可了解产品的来源和去向，保证追溯链的连续性。其次筛选的指标也要符合食品安全相关的法规、标准和规范的要求。筛选的指标必须能确证产品的原产地、加工历史和消费状况。

2. 溯源指标筛选的方法

依据上述指标筛选的原则，并按照"生产流程分析——关键点控制"的方法，结合畜牧业产业链特征、HACCP 原理及与食品安全相关的法律、法规，对其各个环节指标进行分类筛选，具体溯源指标体系的基本结构见图 6-3。依据溯源指标可以追溯产品的原产地、加工历史和消费状况。不同国家因产品产业链方式和法律要求不同，记录的指标类型有所不同。

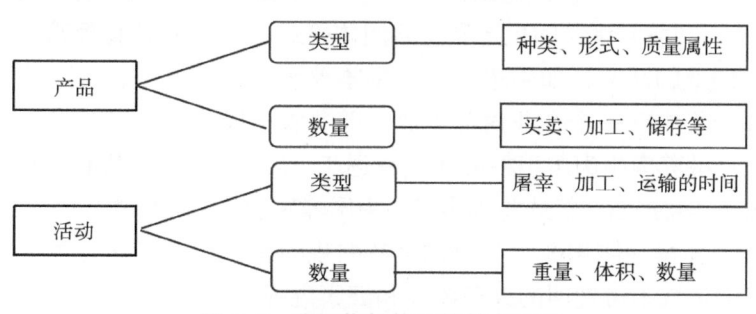

图 6-3　溯源指标体系的基本结构

3. 溯源指标的分类

（1）过程溯源指标

过程性溯源指标指为保证整个食品生产链信息的畅通性、连续性和可追溯性而必须记录的相关信息，主要用于追溯产品的来源、去向及目前所处位置等。过程指标应该能保证产品具有可追溯性。

（2）安全溯源指标

基于危害分析与关键控制点（HACCP）、良好农业规范（GAP）和食品安全生产相关法规、标准、指南以及商业需求而记录的信息（李春天等，2023），主要用于追溯问题产品产生的原因，是追溯过程必须记录的指标。安全指标能在食品安全事件发生时，为食品污染追溯或查处事件的原因、责任人提供依据。中国羊肉和牛肉产业链涉及环节多，每个环节都可能存在安全隐患。根据不同产业链特点，养殖阶段是时间最长的环节，屠宰加工是加工工序最多的环节，所以这两个阶段的溯源指标分析是畜产品加工溯源的重点。

4. 畜牧养殖阶段溯源指标筛选

作为食品链的初端，畜产品的养殖阶段直接影响其加工食品的安全性。养殖阶段是牛羊肉生产链中时间最长、存在问题较多的环节，为实现产品追溯需要记录大量信息。但从电子标签容量和成本角度考虑，应从中筛选、确定出关键溯源指标。畜牧养殖阶段的过程溯源指标筛选是在调查和对比分析养殖模式、生产流程和外部因素的基础上进行的，并且受产品特征和消费者需求的影响。

三、养殖模式分析

牛羊的养殖模式主要分为农户散养模式、"公司＋基地＋农户"模式和"公司一体化经营"模式三种。农户散养是千家万户分散饲养的传统模式；"公司＋基地＋农户"模式是以公司为龙头建基地，以基地带动养殖户，形成"风险共担、利益共享"的生产利益共同体模式；"公司一体化经营"模式是指养殖产业链上的活动，如牛羊繁育、牛羊养殖、屠宰加工、流通销售等全部或绝大部分集中在一个企业内部完成。随着农村经济的发展和农村劳动力的转移，农户散养肉牛肉羊出栏的比例在逐步下降，"公司＋基地＋农户"模式和"公司一体化经营"模式将逐步成为中国养殖业的主流形式。"公司＋基地＋农户"和"公司一体化经营"模式生产的规模较大，一旦病害牛羊肉流入市场，有可能造成不可挽回的经济损失和健康危害。

通过分析《食品召回管理规定》《产品通用溯源规范》《良好农业规范》

和国际标准 ISO（8042：1994）有关追溯的规定，归纳出过程溯源指标。过程溯源指标包括产品名称、产品来源、产品销售去向、交易时间、地点以及产品所有者等，而且过程溯源指标筛选应遵循"向上一步，向下一步"可追溯原则。结合牛羊养殖模式及其生产流程，制定出"公司+基地+农户"和"公司一体化经营"模式下养殖阶段的主要溯源指标。

1. 养殖阶段安全溯源指标

牛羊养殖环节的安全溯源指标涉及危害牛羊肉安全的潜在因素，其中最主要的危害是疫病、兽药残留和重金属。基于对牛羊养殖阶段安全隐患的分析，依据 HACCP 手段确定出牛羊养殖阶段的 CCP 为关键溯源点，把影响牛羊肉安全的主要因素作为安全溯源指标。

2. 养殖阶段安全隐患分析

通过实地考察、分析牛羊生产流程（图 6-4）和相关资料（刘士健等，2003；潘春玲，2004），可知影响牛羊食品安全的主要因素是人兽共患病、兽药残留和饲料重金属超标等。

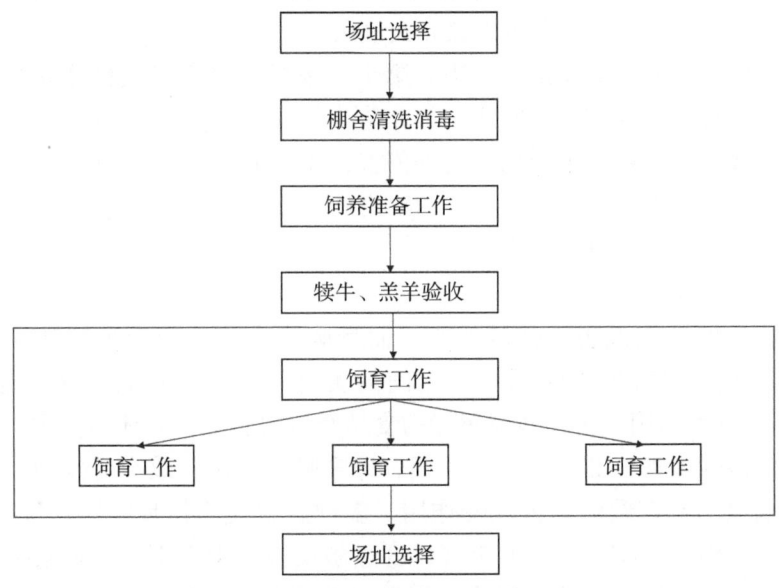

图 6-4　牛羊肉生产流程

（1）人兽共患病的危害

据统计，全世界每年 1700 万人死于传染病，95% 集中在发展中国家，其中主要的传染病都是人兽共患病，仅结核病每年造成 310 万人死亡，25% 的人感染弓形虫病，1 万多人死于狂犬病。中国是人兽共患病危害很严重的国家，人兽共患病对畜牧业造成的损失很大，直接损失表现在：一是造成大批畜禽死亡，如猪的乙型脑炎，牛羊炭疽；二是生产性能下降，淘汰率提高，如布鲁氏菌病、结核导致母畜不孕、流产，中国奶牛的进口数量赶不上因病淘汰的数量，使用寿命短；三是大量畜禽产品废弃，既影响了环境，也降低了效益。间接损失主要表现在影响消费者心理，造成恐慌；畜产品国内、国外市场销售困难，造成畜牧业剧烈波动。人兽共患病的一个重要传播渠道就是摄食感染，因此，食源性病原微生物是畜产品安全的一个重要内容。其中，牛奶的巴氏消毒法就是为控制病原微生物而发明的。

由于人类对肉、奶、蛋的需求猛增，畜禽养殖的规模越来越大、密度越来越高，集中饲养和一家一户散养并存，疾病传播的机会增多。动物及动物产品贸易全球化改变了动物源性食品的生产和销售方式，日趋加速的城市化导致畜产品的运输、贮存及制作的需求增加，也为人兽共患病的发生、流行创造了条件。经济活动范围的扩大、旅游业的兴盛、全球经济贸易的增加、交通条件的改善，都是人畜共患病增多的因素。特别是经济开发导致生态环境的剧烈改变，加剧了人兽共患病的发生与流行。此外，全球气候变暖激活了许多病原体，导致蚊虫等传播媒介大量滋生。

《中华人民共和国食品安全法》第十一条规定国家建立食品安全风险监测制度，对食源性疾病进行监测。羊养殖阶段常见的食源性疾病有羊炭疽病、布鲁氏菌病、口蹄疫和羊痒病等（安伯玉，2024），这些病属于《中华人民共和国动物防疫法》定义的一、二类动物疫病。此类疾病不仅危害畜牧业生产，也威胁人类的健康，应严格监控。

（2）兽药残留危害

兽药残留不仅危害人体的健康，而且威胁畜牧业的健康发展和生态环境良性循环，同时也影响国与国之间的贸易。其主要危害如下（赵超英，2006）：①毒性作用，兽药残留超标的食品经食用后可在人体内蓄积，进而造成多种急慢性中毒；②"三致"作用，即致畸、致癌、致突变作用。如丙咪哇类抗蠕虫药具有致畸和致突变作用，多种激素类药物具有诱发致癌作用，如雌激素、硝基呋喃类、砷制剂等；③过敏反应，青霉素、四环素类、磺胺类和氨基糖苷类等抗菌药物能使人产生过敏反应；④激素副作用，食用含激素类药物过多的食品，可导致人类激素分泌系统发生紊乱；⑤细菌耐药性，病原菌长期、低剂量接触抗菌药物，可诱发获得耐药性。耐药性产生最明显的例子是土霉素，由于长期作为饲料添加剂使用，许多敏感菌对它产生了抗药性，现在用土霉素来治疗疾病通常需要使用原来2～3倍的剂量；⑥肠道菌群失调，国内外诸多研究表明，兽药残留可对肠道菌群产生不良的后果，使人体内菌群失衡，导致腹泻或维生素的缺乏等症状。

《中华人民共和国食品安全法》第十三条和第二十条分别要求对兽药的安全性进行评估，对兽药的用量制定限量标准。《兽药管理条例》要求加强对兽药的监管力度。NY 5148—2002《无公害食品肉羊饲养兽药使用准则》要求建立并保存兽药使用记录。据世界卫生组织食品添加剂联合专家委员会（JECFA）报告食品中的兽药残留达 120 种，其中常用的有抗生素类、激素类、驱虫药等。因此，过量的兽药残留可能对消费者健康造成威胁。

（3）饲料重金属超标

《中华人民共和国食品安全法》第二十条要求对重金属制定限量标准。GB 18406.3—2001《农产品安全质量无公害畜禽肉安全要求》和 NY 5150—2002《无公害食品肉羊饲养饲料使用准则》明确规定了重金属的最大残留限量（MRL）。羊肉中常见的超标重金属有铜、锌、砷和铅，主要是通过饲料和饮水进入动物体内，然后随食物链在人体内积蓄，从而危害人类的健康。

（4）环境消毒物危害

为了控制传染源和确保家畜的健康，消毒是一项重要的工作。集约化养殖场饲养密度大，环境污染严重，威胁家畜的质量安全。消毒可以根据防治的传染病性质，分预防性消毒和疫情期消毒。预防性消毒是为减少疫病发生概率。疫情期消毒的目的是消灭病原而采取的消毒措施。目前，国内养殖场常用的消毒方法主要分为机械消毒法、物理消毒法、化学消毒法和生物消毒法四种。其中最常用最有效的方法是化学消毒法。使用的浓度、消毒的时间以及药物间的拮抗作用对家畜的品质影响较大。目前国内颁布了相关法规、标准来规范环境消毒物的使用，如 GB/T 18407.3—2001《农产品安全质量无公害畜禽肉产地环境要求》和 NY/T 388—1999《畜禽场环境质量标准》等。

四、关键溯源点确定

按照"畜产品生产流程—因子分析—关键点控制"的方法，采用国际公认 CCP 判断树，围绕影响牛羊食品安全的关键点与关键因子，确定生产流程中的关键控制点作为关键溯源点。关键溯源点主要包括环境消毒物、饲料、犊牛或羔羊验收、饮水、兽药和出栏前活体检验。养殖过程关键溯源点能反映产品质量信息。追溯是由产品信息查询影响产品质量的生产过程，由结果到过程的再现（李民等，2002）。因此，畜产品安全溯源指标获取的关键在于从生产过程的验收开始，随生产过程逐步分解为饲料喂养信息和药品使用信息等关键溯源点信息的有效筛选。

应以牛羊养殖环节中关键溯源点为基础，对比分析与牛羊相关的国内外法规、标准和指南，归纳出法规、标准和指南在关键溯源点上的共性规定作为安全溯源指标。对于每个安全溯源指标，需要记录的追溯信息是根据"记载的标识追溯产品的历史、应用情况和所处场所的能力"的原则，消费者关注程度，以及企业内部追溯需要确定的。

牛羊屠宰加工阶段涉及多个加工工序，每个加工工序又涉及多个加工环节，任何一个工序、环节出现问题都必然危害牛羊肉的质量安全，所以屠宰加工环节是溯源指标筛选的重点环节。

依据过程溯源指标定义并结合中国牛羊屠宰加工现状，在借鉴国外经验和对比分析了《肉羊饲养管理准则》《食品召回管理规定》《产品通用溯源规范》和食品法典委员会（CAC）有关追溯规定的基础上，筛选出屠宰加工阶段过程溯源指标。

安全溯源指标涉及屠宰加工环节危害牛羊肉安全的相关信息，利用安全溯源指标可以查询到危害食品安全的过程追溯是由产品信息查询影响产品质量的生产过程，由结果到过程的再现。以HACCP原理确定的牛羊屠宰加工阶段的CCP作为关键溯源点，把CCP相关信息作为影响牛羊肉安全的安全溯源指标。

为了准确分析屠宰加工过程中存在的安全隐患，首先要了解牛羊的屠宰加工流程图。在实地调研的基础上，根据掌握的知识和信息，结合牛羊实际屠宰加工流程，确定产品的实际屠宰加工流程，绘制肉牛肉羊屠宰加工流程图（图6-5）。通过屠宰加工流程分析可以明确影响牛羊肉质量安全的因素所在，为安全隐患分析奠定基础。

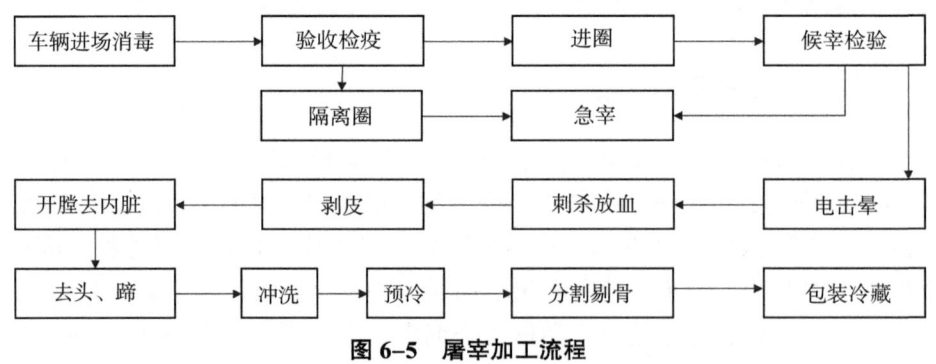

图6-5 屠宰加工流程

屠宰加工阶段主要存在三大类危害：一是微生物危害，指在自然界中存在的各类生物性因子对牛羊肉质量安全造成的危害，如布鲁氏菌病、炭疽病、口蹄疫等人兽共患病。这些疾病危害较大，需要采取综合治理措施才能预防控制。二是化学性危害，是指家畜在养殖、屠宰及加工过程中使用化学合成物质不规范而造成牛羊肉质量安全问题，如使用禁用饲料添加剂、兽药等造成的兽药残留问题。化学性食物污染主要分为兽药残留污染、铅污染、汞污染三类。通过生产过程的标准化可以控制该污染的发生。三是物理性危害，是指在牛羊屠宰或加工过程中由于操作的不规范而导致的牛羊肉产品污染。该污染对消费者的健康威胁不大，但是，可能严重影响食品原有感官性状或营养价值，如加工过程中头发落入牛羊肉中、牛羊肉产品运输过程中的灰尘污染等，均可引起食物物理性污染。通过规范生产可以预防该污染的发生。

根据对牛羊肉生产工艺流程进行危害分析，考查可能造成危害的环节存在的生物性、化学性和物理性的潜在危害，判断危害是否显著（张子平，2001；周细军等，2007），依据 CCP 判断树判断是否是关键控制点，得出 CCP 包括宰前检验、开膛去内脏、冲洗、分割剔骨、包装冷藏这些环节。

五、畜产品安全隐患及原因分析

1. 运输环节

运输环节克服了空间上的限制，使畜产品在不同地点可以交换，是畜产品产业链中的关键环节。所以，在流通过程中要求较高仓储与运输条件，否则就会对食品造成污染或者腐败。运输环节需要专业运输工具设备来保障产品品质，而中国缺乏专用运输设备，易腐畜产品在运输过程中不能与其他产品混放，需要冷藏的环境才能保证产品的质量安全。目前，多数食品污染是由非专业的储运企业储运时造成的，主要由储运时的温度、湿度储运环境等因素导致。此外，因运输监管不力等原因造成运输途中安全隐患较多。目前粮食在流通过程中损失率为 12%～15%，果蔬损失率为 25%～32%，肉干耗变质率为 3%。所以，加强对食品运输过程中安全监管势在必行。目前，与食品运输阶段相关的法律法规主要有《流通领域食品安全管理办法》等。

2. 销售环节

销售是以超市、批发市场及便利店等方式进行产品买卖的行为。销售环节是消费者关注的重点环节，也是易发生食品安全问题的重要环节。销售主体的多元化，销售手段的多样性极易导致销售环节安全事件的发生。从畜产品销售环节来看，存在以下主要问题：

首先便是批发市场的问题。批发市场是畜产品的交易集散地，但批发市场畜产品安全管理是一个薄弱环节。商务部 2005 年发布的《中国流通领域食品安全状况调查报告》表明：对熟食品亚硝酸盐进行检测的市场占 25.6%，批发市场中配备了农药残留快速检测仪的仅为 26.7%。食品安全状况不容乐观。

其次是超市的食品安全问题，主要体现在：超市食品安全设施投入不能满足食品安全监控的要求；供应商向门店配送的产品质量监控不力；众多超市缺乏用于检测食品的检测设备；现做食品原料质量控制缺乏监管；超市对产品保质期管理不严格。目前，为保证食品销售环节的产品品质和质量安全，国内出台了相关法律法规，如《中华人民共和国食品安全法》和《中华人民共和国农产品质量安全法》等。

第三节 溯源技术在畜产品安全管理中的应用现状

目前，草畜产品安全溯源体系建立主要依托于政府制定的相关政策及管理制度以及生产者、企业建立的相关数据信息库，然后结合专用硬件设备设施，进而达到信息共享，服务于消费者的目的。将溯源技术与安全管理制度有效结合起来，并运用于实践，从而有效缩短追溯时间，降低不合格产品所带来的危害。

一、电子信息编码技术

电子信息编码技术主要依托于现代数据库管理技术、网络技术和条码技术，将整个产品链从生产、加工、贮运和销售的所有环节进行信息记录，然后予以采集和查询。这样，即使草畜产品出现问题，通过该系统也可以查询追溯到出现问题的环节，为保障草畜产品的安全提供有效的监管方法。澳大利亚、巴西和加拿大等国家都建立了可追溯的安全体系，实现了牛肉制品从农场到餐桌的全过程追踪。欧洲一些销售部门建立了牛肉制品、生鲜水果和蔬菜销售等的可追溯体系标准。我国科学家利用电子信息技术建立了花生安全生产可追溯信息系统及牛肉安全信息溯源体系。

二、稳定同位素溯源技术

随着科技的不断发展，由于稳定同位素不具有放射性同位素的放射性特点而得以在农业、生物学、医学及环境科学等领域日趋广泛应用。同位素分子之间因质量不同而存在着微小的物理与化学性质的差异，因此在物理、化学、生物作用过程中，会出现同位素分馏现象。同位素分馏是指由于同位素质量不同，在物理、化学及生物化学作用过程中，一种元素的不同同位素在两种或两种以上物质（物相）之间的分配具有不同的同位素比值的现象。这种现象可能会因为环境、气候、生物代谢类型等因素的影响，使不同来源的生物体内稳定同位素比值产生差异，从而为草畜产品的地理信息溯源提供指纹信息。而后通过利用同位素质谱分析仪精确测定同位素的含量比，并与参照物进行比较，可以得出同位素的相对比率，从而追溯草畜产品的源头（图6-6和图6-7）。

图 6-6　不同地域动物体内稳定同位素指纹形成机理

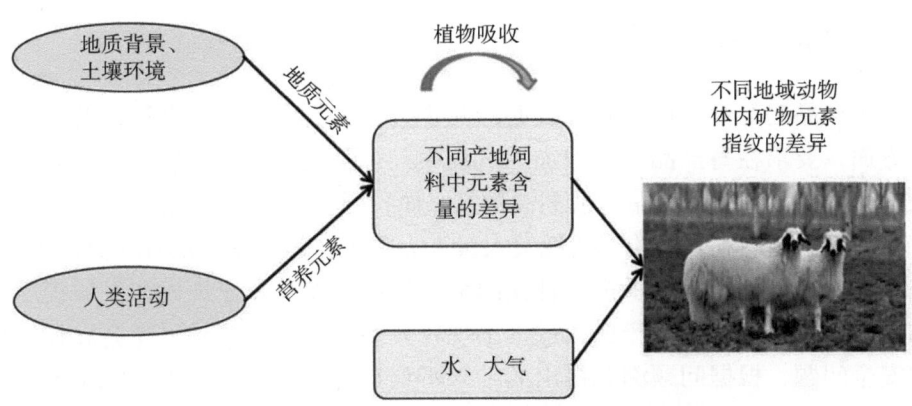

图 6-7　不同地域动物体内矿物质指纹形成机理

Osorio 等（2011）研究发现，$^{13}C/^{12}C$、$^{15}N/^{14}N$、$^{2}H/^{1}H$、$^{34}S/^{32}S$ 在不同国家的牛肉中有极显著差异，可作为牛肉产地鉴别的重要指标。Heaton 等

（2008）通过测定牛肉干中的 $\delta^{13}C$、$\delta^{15}N$ 值以及牛肉脂肪中的 $\delta^{2}H$、$\delta^{18}O$ 值，发现 $\delta^{2}H$、$\delta^{18}O$ 元素检测值与地理纬度具有一定的相关性。Sun 等（2016）对我国脱脂羊肉和羊尾毛进行 $\delta^{13}C$、$\delta^{15}N$、$\delta^{2}H$ 含量检测发现，三类同位素在脱脂羊肉中的含量存在不同地域间的差异，且差异显著，羊肉中的 $\delta^{13}C$ 含量与饲料种类极显著相关，羊肉中的 $\delta^{2}H$ 含量与饮水显著相关，羊肉中的 $\delta^{13}C$、$\delta^{15}N$、$\delta^{2}H$ 含量与羊尾毛中各同位素显著相关，因此，$\delta^{13}C$、$\delta^{15}N$、$\delta^{2}H$ 可作为羊肉产地判别指标。

第四节 溯源系统存在的问题

随着溯源方法、溯源系统的搭建和标识技术的研究，信息技术的发展，大数据、区块链等信息技术手段将更多地应用于溯源体系的搭建。我国农产品生产分散，一方面需要有关知识的储备和相关技术支持，另一方面需大大增加成本投入。由于我国溯源管理体系建立距今还不到 20 年，发展过程中还存在许多问题。目前，尽管我国部分地区农产品溯源系统初步建成，但大多数溯源系统是由第三方科技公司提供，系统多而繁杂，操作上有一定困难，数据录入环节多、追溯难，缺乏普遍适用的溯源平台。有关农产品监督部门相关法律法规不完善，对农产品溯源管理不够重视，再加上消费者缺乏农产品溯源观念，导致农产品溯源发展滞后。

一、溯源体系搭建复杂

畜产品溯源体系的搭建涉及畜产品生产、加工、配送、零售以及监管等各方面，要求在畜产品生产和加工过程中，详细记录产品的信息，设立相关数据库，并在产品上粘贴可追溯性标签。而我国畜产品生产大都以散户为主，产品质量参差不齐，收购需要耗费大量人力物力，是一项长期且耗资的工程，农户、中小型企业难以承担。且我国畜产品生产加工企业规模和发展程度不均一，这导致畜产品生产加工过程出现较大差异，这些差异可能会导致相同的安全问题，根据问题溯源得出的结果不具有普遍性，加大了溯源系统搭建的复杂性。另外我国是农业大国，畜产品加工企业数量极多，分布广泛且规模大小不一，且以小规模企业居多，这些小型企业很难实现信息化建设，从目前的多数农产品企业来看，员工大部分文化程度较低，对信息化操作不熟练甚至不了解，难以跟上信息化溯源发展节奏，这加剧了溯源体系建立的难度。

二、信息管理技术不成熟

畜产品溯源管理涉及产品的整条供应链，包括从原料产地到生产加工再到运输售卖，这需要建立一个庞大的数据库，对技术要求较高，不仅要管理主体信息、检测数据信息、执法数据信息等，还要对畜产品生产、加工、运输等数据进行分析汇总。我国目前仅有畜产品质量安全溯源监管系统、农业主体信息系统和畜产品信息公开服务系统，溯源管理配套技术尚不能完全满足我国畜产品溯源需求。目前由于网站建设成本较低，网络上溯源平台众多，而在产品供应过程中，信息记录尚不规范，容易被篡改。在信息公开方面，常因系统的承载能力有限而无法做到完全透明，消费者反映查询结果存在信息不完整、无效信息等问题，甚至平台也出现问题，不知从何查起。

三、信息采集不完全

畜产品溯源往往包含十几个甚至更多环节，一个完整的畜产品安全追溯体系应涵盖从选育、栽培、养殖、收购、加工、仓储、物流、销售、售后、权益保障、法律保障、追责、执法以及与之配套的标准建设、标准导入、检验检疫、认证认可、计量校准等方面全流程。但目前的追溯体系主要是建立在生产加工、储存销售两个环节上，缺乏农产品养殖阶段的标准导入和相应的关键点数据采集。而且大多数食品企业内部难以实现信息化建设，现代化采集记录工具价格昂贵，且需要定期维护，一般中小型企业难以承担。也有学者提出，企业中从业人员和管理人员文化程度偏低，很难熟练使用现代化工具采集和录入数据，也是导致信息采集和导入困难的原因。当溯源过程中信息采集记录有问题时，溯源整个过程都会受到影响，从而导致各部门之间配合出现缝隙、衔接不紧密，信息表达不一致，意见产生分歧等。

四、监管缺乏常态化

在畜产品行业，追溯监管常态化意义深远。一方面，作为政府部门的有效管理手段，追溯将会越来越广泛地渗透到日常监管工作中；另一方面，企业信息化水平不断提高，打造透明、高效的供应链，通过追溯提高管理水平已成为市场化需求。而当前我国处于法律监管不成熟的时期，加上流动式的监管无法保证监管力度。于是，流动式专项监管陷入了有问题就管理，没有问题就不主动监管的"泥潭"。虽然我国每年都进行大量的专项整治行动，获得了一定的成绩，可是付出的代价却是大量的人力、财力及物力，这更加督促我们要对畜产品溯源系统尽快加以完善，使溯源监管常态化。

畜产品溯源需要收集海量的数据信息，不同的溯源体系对于数据信息的处理标准有较大的差异，我国目前存在的大多数畜产品溯源系统规模小、数量多，而且每个溯源系统中制定着不同的标准，缺乏统一、权威的标准，这就不可避免地导致了溯源系统之间不能实现信息共享，溯源系统彼此间不兼容，使得溯源系统整体运行效率低，单一的溯源系统往往无法完成农产品的整个溯源，还造成溯源信息的分散化以及有效信息的浪费，给畜产品溯源造成困难。

食品安全可追溯制度不是孤立的，它必须与其他质量管理体系结合起来才能发挥作用。HACCP体系是一种有效的食品质量安全管理体系，它与可追溯制度一样都要求有一个有效的记录系统。因此，将食品安全可追溯制度与HACCP体系相结合，不仅能将整个畜牧业产业链各阶段中所有相关信息链接起来，而且可以避免重复性的工作。羊肉产业链的养殖、屠宰加工、运输、销售各阶段的过程指标主要包括产品名称、产品来源、产品销售去向、交易时间、地点以及产品所有者；养殖阶段安全溯源指标主要包括疫病、兽药残留、重金属超标以及环境消毒物；屠宰加工阶段的安全溯源指标主要包括疫病、兽药残留、重金属超标以及微生物；运输和销售环节主要安全溯源指标为温度、湿度、货架期以及检验检疫证明。关键溯源指标体系的建立提高了溯源信息采集的效率，实现了快速、准确地查询肉羊来源和去向，为建立共享的羊肉产品追溯系统提供信息依据。因此，关键溯源指标体系的建立是实施有效追溯的前提。在实际操作过程中，需要注意几个方面的问题。

（1）要保证溯源指标的可信度、准确性、一致性和安全性，即坚持"实事求是"的原则；

（2）每一个参与方必须将可跟踪、溯源指标传递给下一个参与方，使后者能够应用可追溯原则，即坚持"向上一步，向下一步"的原则；

（3）政府应对羊肉产业链进行有效管理，改进生产组织模式，推进食品安全信息体系的建立；

（4）溯源指标的基本特征和适用性在企业具体应用时，还需要结合企业生产流程和主要问题进行修订，以确保溯源结果的可靠性和溯源方法的实用性。

参考文献

安伯玉，2024. 畜牧养殖中牛羊细菌性疾病防治技术要点 [J]. 畜牧兽医科技信息 (6):114-116.

李春天，陈玉涵，刘慧，等，2023. 全面推行实施良好农业规范促进农业高质量发展的对策建议 [J]. 农产品质量与安全 (5):5-8+54.

李民，秦现生，李盘靖，等，2002. 流程产品质量可追溯性 [J]. 西北工业大学学报 (3):506-510.

刘士健，李洪军，2003. 动物食品安全现状及对策 [J]. 肉类工业 (4):31-33.

潘春玲，2004. 我国畜产品质量安全的现状及原因分析 [J]. 农业经济 (9):46-47.

张子平，2001. 冷却肉的加工技术及质量控制 [J]. 食品科学 (1):83-89.

章心平，王爱华，等，2022. 畜产品质量安全的监管现状和优化策略 [J]. 专论与综述（2）：19-21.

赵超英，2006. 食品中农药和兽药残留对人体的危害 [J]. 中国全科医学 (13):1086-1087.

周细军，王燕，杨志，2007. HACCP 在速冻美国鲴鱼片生产中的应用 [J]. 肉类研究 (2):22-29.

HEATON K, KELLY S D, HOOGEWERFF J, et al.,2008. Verifying the geographical origin of beef：The application of multi-element isotope and trace element analysis[J]. Food Chemistry,107：506-515.

OSORIO M T, MOLONEY A P, SCHMIDT O,et al.,2011. Multielement isotope analysis of bovine muscle for determination of international geographical origin of meat[J]. Journal of Agriculture and Food Chemistry, 59（7）：3285-3294.

SUN S M, GUO B L, WEI Y M, 2016. Origin assignment by multi-element stable isotopes of lamb tissues[J]. Food Chemistry, 213：675-681.

第七章
智慧云台管理系统在畜牧业监管中的应用与展望

第一节 智慧云台管理系统对畜牧业发展的重要性

现如今，我国畜牧业正迈向规模化、机械化、技术化、现代化和智能化的新时代，不仅逐渐成为推动产业升级的显著特征，也是促进智慧畜牧业持续健康发展的重要因素（张国锋等，2019；吴荣富等，2024）。根据我国行业发展规划，到2025年，畜牧业机械化率将达到50%以上，尤其在生猪、蛋鸡、肉鸡等规模化养殖领域，机械化率更是要达到70%以上，确保大规模养殖场基本实现全程机械化（吴荣富等，2024）。中国是养羊业大国，羊只平均产肉量14.96 kg，是世界平均水平的80%左右，是新西兰等畜牧业发达国家的50%左右（王自科等，2024；郑爽玉等，2023），同时通过对2023年我国肉牛产业发展形势上的分析，发现肉牛养殖规模化水平逐步提升，产能基本稳定（赵航等，2024）。目前，牛羊产业正面临转型升级的重要时期，从过去的小规模分散化养殖逐渐迈向规模化、标准化和现代化的新阶段，向智能化和信息化方向发展。从羊产业的经营层面来看，适度的规模化和标准化是行业发展的必然趋势；从生产层面来看，科学养殖是保障牛羊产业健康发展的必要条件，智能化养牛、养羊技术的应用成为提升生产效率、实现有限资源最大化产出肉奶的新方向（Qiao et al.，2021）。

近年来，随着人工智能技术、物联网技术、大数据技术和移动互联网技术的快速发展，畜牧业大数据平台应运而生（曹华莹，2024），不仅为各级不同畜牧监管部门提供在线监管服务，而且也为畜牧场提供了数字化和智慧化的管理方案，助力推动畜牧产业智能管理优化（李辰煊，2024）。"互联网+"逐渐上升为国家战略，因此深入推进"互联网+"智慧畜牧业，加强数字化智慧化体系是非常必要的（陈峰等，2021；阿赛提等，2021）。智慧云台管理系统目前是畜牧业大数据平台的大趋势，是我国畜牧业的重要发展方向，其主要通过构建完善且功能丰富的畜牧业综合监管平台，依托部署在畜牧生产现场的各种传感节点和无线通信网络，实现畜牧生产环境的智能感知、预警、决策、分析、技术服务、管理、营销等环节，进而分析检测获得各种数据信息，从而达到监管信息的目的。

一、有助于实现畜牧产业提质增效

通过智慧云台管理系统，集互联网、移动互联网、云计算、物联网等新兴技术为一体的畜牧生产高级阶段（杨壮等，2023），生产方面上集合畜牧可视化平台、智能综合传感系统、综合数据分析系统等平台于一体，可为畜牧场实现疫病防控、实时监测、远程管理、报表分析和智能生产等功能，能够通过系统化监测和数据分析，直观地了解畜牧业的各种生产状况，实现生产过程的可视化呈现，生产过程的精细化管理，生产决策的数据化分析，进一步提升生产效率和质量，推动更高效地管理和运营畜牧场（张宏兴，2022；李辰煊，2024）。

二、有助于促进高质量可持续发展

通过建设畜牧业大数据平台，不仅可以从海量数据源中促进畜牧业相关数据的集中管理，推动畜牧业信息互通共享，联合各个领域的信息和数据，优化养殖方案并整合共性业务，形成完整的信息链，为整个行业进一步了解畜牧业发展态势、了解市场需求和价格变化、洞察行业的未来趋势奠定数据信息基础，引领畜牧业现代化建设，全面提升畜牧业综合效益（李辰煊，2024）。

三、有助于推进现代化信息管理，实现优化饲喂和疾病预防

在智慧云台系统的推动下，通过加强智能装备研发，破解智慧养牛、养羊产业发展的瓶颈，推动行业向更高水平迈进。不仅需要优化饲喂系统，实现精准营养配比，提升饲料利用率。此外，加强环境智能调控，为牛羊创造适宜的生长环境，降低疾病发生概率。

数字化智能化是畜牧业创新发展的方向，是畜牧企业发展的动力（王鑫磊，2023），我国养牛养羊业也正面临着智能化和信息化养殖的关键时期。

第二节　智慧云台管理系统在畜牧业发展中的应用实践

信息化管理技术主要是使用自动化管理模式提高畜牧场生产能力并促进其生产逐步标准化和规范化，包括系统管理的平台、各种专家知识库和各种决策。目前信息化管理技术在畜牧业生产上的应用主要表现在以下几个方面。

一、畜禽粪污资源化利用

智慧云台信息化管理是监管手段方式创新的一种体现，更是一种提升监管效能的具体举措。养殖场主要运用智慧云台如"互联网+科技"手段，实现畜禽粪污资源化利用"报收、收集、入库、出库、审核、还田"工作流程再造，使畜禽粪污处理和粪肥还田路径可视化、监管智能化、台账电子化（禚度鹏，2024）。对粪肥收集处理利用实施全过程"可视化、智能化"监管，其中视频监控主要对重点企业、第三方进行远程实时监控，完成种养结合、农牧循环闭环管理、粪肥就近就地还田，确保粪肥全量还田工作规范运行，长效有序。在智慧畜牧平台设置养殖场登记管理、生产监测、绩效考核、信息发布、统计分析和预警应用等板块，针对收集、处理、消纳环节，实行综合管理，统一调度，做到县辖区内资源化利用设施状况、全年养殖存栏出栏量、畜禽粪污产生量、粪污资源化处理量、粪肥还田量5个方面"情况明""底子清"，实现对养殖粪污处理情况的全面掌握，为本地粪污处理政策制定提供了依据（禚度鹏，2024）。

二、疾病预警和智能诊断

智慧养牛、养羊业的发展及建设为动物疾病预警和智能诊断提供了防疫方便（刘乃兵等，2021），通过智慧云台监测系统进行智能化、自动化和数据化管理（郭阳阳等，2023），可以提高畜牧场养殖效益。动物行为可反映其身体健康状况，是畜牧养殖管理者判定其健康与否的重要依据（Achour et al.，2020）。智慧管理平台通过对牛羊群行为、体温、呼吸等指标的监测和分析，结合机器学习和人工智能算法，可实现对潜在疾病的早期预警和快速诊断，进一步减少疾病的发生和传播，提高养殖效益。例如，可以通过将日常发病和治疗的羊只资料输入信息系统，系统进行分阶段分析和汇总，可以提前做出疾病预防（王自科等，2024）。

三、饲料管理和营养调控

畜牧场可以收集牛羊的不同生产性能、生理阶段和生长状况等数据并将其输入专业信息系统，信息管理系统分阶段进行分析和汇总。通过信息管理软件与牛羊个体数据配合使用，依据体重、生长阶段、营养需要等因素，按照牛羊饲养标准分别验证和计算牛羊个体饲喂各种饲料的数量，实施合理的个体饲喂方案并优化饲料配方，可以避免牛羊在饲喂过程中可能出现的饲喂量过少，营养成分低或饲喂量过多导致的体膘过肥，使其生长性能更好。利用智能喂食器、饲料配方软件等工具，根据牛羊群的需求和生长阶段，精确控制饲料的营养配比和投喂量。同时，结合牛羊对饲料的消化吸收情况，优化饲料配方，提高饲料转化率（王自科等，2024）。

四、日常生产信息管理

对于畜牧场来说，牛羊的选种育种工作是畜牧生产中的重要一环。畜牧场将青年牛羊的个体资料及数据输入信息管理系统中，系统会根据动物个体选种选配情况及后期育种方向，结合畜牧场生产规划制定年育种计划，确保选种育种及培育优良后代，逐年提高畜牧场的生产水平。另外，还可以将牛羊的繁殖性能数据输入系统，系统会根据提供的相应数据生成报表找到不足与问题。通过传感器、监控摄像头等设备对牛羊群的生长发育、饲料摄入量、牛羊舍环境温湿度等关键指标进行实时监测和记录。利用无线通信技术和云台，实现数据的远程传输和集中管理。通过数据采集、分析和应用，为养殖者提供全面、准确的决策依据。

第三节 智慧云台管理系统对畜牧业发展的未来展望

随着信息化平台、互联网和大数据等一系列现代化系统的发展，畜牧业的发展逐渐找到了方向。畜牧业发展影响因素多、产业链长、判断标准复杂，用大数据、"互联网+"等来调控全产业链科学预测预警，能促进产业健康稳定发展。因此智慧云台管理系统的建设是我国畜牧业规模化、机械化和智能化的必由之路，且也成为乡村振兴发展的重要路径之一（吕玉霞，2023）。我们需要充分利用现有产业的自动化和智能化水平基础，加快推动智慧牧场建设，积极推动畜牧业高质量转型升级，实现畜牧业提质增效。利用信息化管理系统，可以克服弊端，减轻劳动强度，提高工作效率，对促进畜牧业发展、保障畜产品质量安全、农民增收、农业增效等发挥积极作用。

但目前牛羊养殖业在智慧平台上的发展还是存在一些局限性。

（1）基础设施技术要求高

数据基础设施是从释放数据价值角度出发的一类基础设施，是畜牧业大数据平台建设的底座（阿塞提等，2021）。智慧养牛、养羊业发展需要一定的设施设备、资金和人才投入，对于一些小型养殖户来说技术门槛较高，难以应用智慧技术进行养殖，导致智慧养牛、养羊技术在养殖户尤其是中小规模养殖户中的普及率相对较低。尤其是在当前畜牧业数据量更多，流通环节和融合更大，非结构化数据、新型应用越来越多，数据实时更新和分析的要求更高的时代背景下，需要一流的数据基础设施和技术支持。尽管不少畜牧业大数据平台已经配备了数据基础设施，但是在整体水平上相对落后，数据存力建设还处于初级发展阶段，还有一些技术难点没有解决，在半导体存储介质、先进的存算分离架构、数据库云、智慧传感设备等智慧数据基础设施的应用上不积极不主动，导致出现数据失真、数据价值挖掘难、数据上传缓慢、数据流通基础不坚实等问题（李辰煊，2024）。

（2）运行成本高

实现智慧畜牧业全覆盖的前提是要投入大量资金购买硬件设备、软件系统，并对软硬件进行更新维护等，对于一些小型养殖户来说经济压力较大（王自科等，2024）。购置数据采集设备、自动化电子饲喂系统投入成本较高，硬件设施资金投入较大，适宜在资金实力雄厚的规模化养殖场推广应用。中小型养殖场受资金投入限制，智慧养殖场建设难度较大。

（3）数据采集和整合受限

采集和整合数据是实现智慧畜牧业的基础，智慧养牛、养羊业发展需要庞大的数据库来支撑系统合理高效运行，但是当前的智慧平台很难做到全国数据统一运行，各个养殖场的数据缺乏有效采集和整合，难以发挥大数据分析的作用。畜牧业相关数据涉及畜牧业行业的上、中、下各端，不仅包括畜牧业生产经营数据，如动物的健康信息、养殖场的生态环境信息、动物流通的市场信息，还包括畜牧业市场监管的各项凭证和管理记录信息、畜牧业投融资的各类材料以及过程信息，各种数据需要有序且高效地存储于管理系统（李志雄，2021）。目前，养殖场大多通过手动记录数据再传输到电脑进行简单的数据统计工作，不仅增加工作人员的工作难度，还会存在数据输入不准确等问题，很难形成较为成熟的数据处理体系（陶家树等，2022）。因此，现在养殖场的数据整合局限于相关主体信息沟通、技术手段支撑、信息标准和框架构成、数据库开发与设计等现实因素的影响，部分畜牧业大数据平台建设过程中在数据分类和存储上存在混乱化和碎片化的问题，不同业务的数据相互重复或者孤立，大规模的数据要素难以得到有效组织和管理，从而难以为畜牧业大数据平台运行提供充分信息支撑（李辰煊，2024）。

目前智慧云台在牛羊业发展中依旧存在局限性，我们可以通过以下措施和方案进行建设并完善推进牛羊养殖业智慧化发展。

（1）监控和预警畜牧业生产性能水平变化趋势

通过畜牧业生产信息采集、积累形成的监测预警海量数据库，首先可以掌握牛羊品种养殖的规模化水平及其变化情况，测算出不同的养殖场规模主体的成本效益情况。其次对全国牛羊养殖产业的盈亏水平有明晰了解，可做到即时监测、即时采集、即时分析，实现产业实时监控，提高信息监测的安全性、准确性，加快牛羊产业发展的现代化进程，并对未来生产转移带来的调运路线进行预测，为流通环节的疫病防控提前预警。

（2）联合监测预警体系推动新技术应用升级和发展

畜牧业生产监测预警体系的完善，将带动畜牧业生产信息采集向数字化、智能化方向发展。根据国务院《促进大数据发展行动纲要》的战略规划和农业农村部《关于推进农业农村大数据发展的实施意见》的部署要求，深入进行大数据在产业预警分析方面的创新和应用。在预警服务与应急管理研究方向上，针对"互联网+"对产业信息服务的新需求，开展高效智能化信息服务技术研究，为提升我国畜牧产业信息化水平提供技术支撑，有效提高生产的经济和社会效益。政府的要求和现实的需要也将推动信息化新技术在畜牧业生产中的应用，从而提升监测信息化水平。因此，基于实时监测和追踪、数据分析和预测以及精准饲喂等现实需要，将智慧云台分为两大平台，即企业生产信息管理平台与政府监管服务平台（李辰煊，2024），进而加大研发投入力度，推动智能化监测设备、自动化饲喂系统、环境智能调控装备等核心技术的突破。通过研发高精度传感器、智能算法等，对牛羊生长、健康、行为等关键信息进行实时监测与分析，提高养殖效率。

（3）制定完善行业规范标准

围绕我国智慧畜牧业发展阶段的技术融合创新和推广需求，需要加快畜牧业物联网、智能化等相关标准体系的构建（杨壮等，2023），是规范行业健康发展、提升产业竞争力和防控养殖风险的必要措施（王自科等，2024）。制定完善行业规范标准不仅能推动智慧牛羊业迈向新的发展阶段，而且为养殖业的现代化转型注入强劲动力，逐渐凝练出一系列标准与规范，可指导畜牧产业监测预警工作转型升级，规范和标准建立报表制度，统一报送口径、时间和标准。标准规范的制定为科学研究打下坚实基础。科学布局产业发展方向，可提出标准化养殖的具体要求。制定智慧养殖行业标准是规范行业健康发展、提升产业竞争力的必要举措。标准的制定应综合考虑技术进步、市场需求和养殖实践，确保标准内容科学、合理、可操作。明确智慧养殖的技术要求、管理规范和质量标准，可以有效引导养殖者进行"智慧升级"，提升养殖效益和产品质量。同时，标准的实施有助于促进行业内的公平竞争，推动技术创新和产业升级。此外，标准还能够为消费者提供清晰的产品信息和质量保障，促进智慧养殖产业可持续发展。

（4）构建完善的立体智慧养殖云台

在智慧养殖的发展过程中，使用先进的人工智能技术、物联网技术、大数据技术和云管理技术建立数据分析监控的智能模型并构建"云+端"立体智慧养殖云台（刘乃兵等，2021），是推动智慧养殖业升级发展的关键一环。立体智慧养殖云台不仅能够实现实时上传、存储与分析数据，为养殖者提供科学决策依据，且云台终端设备负责采集现场数据并实时反馈，确保对养殖环境的精准调控和牛羊健康的持续监测。通过构建完善的立体智慧养殖平台，能够实现养殖资源优化配置、显著提升养殖效益以及有效防控养殖风险。这一创新模式将推动智慧养殖业迈向新的发展阶段，为养殖业的现代化转型注入强劲动力。

（5）加强人才队伍建设

人才是科技进步的重要组成部分，要实现智慧化畜牧业生产，要加大人才培养力度，将技能型人才投入生产一线（杨壮等，2023）。目前畜牧业生产用户对信息资源意识淡薄，掌握畜牧业信息技术的人才短缺，且畜牧业面临大数据信息资源共同分享和共同利用率低下的情况，所以目前加强人才队伍建设是重要任务（张宏兴，2022）。因此畜牧业相关部门要加强生产、管理、经营等方面人才的培养，提高生产经营水平，不断优化生产经营模式，扩展思维，打造一批高素质的工人队伍。与牛羊业相关的畜牧科研院所要加强产业合作，深入生产一线，了解生产中的"卡脖子"问题，针对性地为养殖户解决实际问题。同时，高校、企业、科研单位要充分实现"产学研"融合，三者各取所长，为智慧畜牧业发展培养更多技能人才（杨壮等，2023），产学研有效结合不仅能加速催生新的研究成果，也能有效转化科技成果落地，从而达到促进畜牧产业生产科学化、计划性养殖，加快推进生产的稳定发展，实现平抑产品价格波动的目的。加强人才队伍建设，有利于带动建立长效机制，有利于组建高水平、高技能专职人员队伍，推动各级从业人员技能提升，更有利于促进各项核心技术有效落地。

通过以上对畜牧业进行优化建设改革，这不仅有利于畜牧业产业提质增效，助力实现生产的可视化呈现、精细化管理和数据化分析，更能推进畜牧业行业高质量发展，为畜牧业发展态势及未来趋势奠定数据信息基础，引领畜牧业现代化建设（李辰煊，2024）。

参考文献

阿赛提，阿布来提·达吾提，2021. 基于大数据的动物疫情防控信息系统应用与分析——以新疆畜牧兽医大数据平台为例 [J]. 新疆畜牧业，36(4):35-40.

曹华莹，2024. 中国式现代化背景下的畜牧业数智化转型：价值意蕴、现实基础与实践进路 [J]. 饲料研究，47(3):191-195.

陈峰，秦玉柱，刘砚涵，等，2021. 山东省动物疫情信息大数据建设的实施 [J]. 养殖与饲料 (3):130-132.

郭阳阳，杜书增，乔永亮，等，2023. 深度学习在家畜智慧养殖中研究应用进展 [J]. 智慧农业（中英文），5(1):52-65.

李辰煊，2024. 大数据在智慧畜牧业中的应用探究 [J]. 河北农业 (6):30-32.

李志雄，2021. 红河州畜牧业大数据平台建设应用与对策思考 [J]. 中国畜牧业 (23):52-53.

刘乃兵，张志良，2021. 智慧畜牧业发展路径的思考 [J]. 智慧农业导刊，1(11): 11-16.

吕玉霞，2023. 浅析新时代信息化在智慧牧业发展中的地位和作用 [J]. 中国动物保健，25（11）:69-70.

陶家树，于莹，2022. 山东智慧畜牧业发展问题与对策 [J]. 中国猪业，17(2):50-52.

王鑫磊，2023. 东昌府区智慧畜牧业发展概况及发展路径探讨 [J]. 中国畜禽种业，19(1): 41-44.

王自科，郝志云，车陇杰，等，2024. 智慧养羊业发展现状及研究进展 [J]. 甘肃畜牧兽医，54 (3):1-4+12.

吴荣富，段炼，2024. 机械化智能化齐驱并进，引领畜牧业迈向高质发展新纪元 [J]. 中国禽业导刊，41(3): 2-18.

杨壮，肖敏，何明珠，等，2023. 智慧畜牧业的发展路径 [J]. 今日畜牧兽医，39(11):83-85.

张国锋，肖宛昂，2019. 智慧畜牧业发展现状及趋势 [J]. 中国国情国力 (12):33-35.

张宏兴，2022. 陕西省畜牧业大数据应用现状及发展建议 [J]. 畜牧兽医杂志，41(4):28-30.

赵航，程玛丽，2024. 2023年我国肉牛产业发展回顾与 2024 年展望 [J]. 畜牧产业 (4):32-39.

郑爽玉，潘丽莎，李军，2023. 近 10 年来我国肉羊产业发展特征与未来挑战 [J]. 中国畜牧杂志，59(11):317-322.

禚度鹏，2024. "智慧畜牧"在县域畜牧业监管中的应用实践[J]. 中国动物检疫，41(4):31-37.

ACHOUR B, BELKADI M, FILALI I, et al., 2020. Image analysis for individual identification and feeding behaviour monitoring of dairy cows based on Convolutional Neural Networks(CNN)[J]. Biosystems Engineering, 198:31–49.

QIAO Y L, KONG H, CLARK C, et al., 2021. Intelligent perception for cattle monitoring: A review for cattle identification, body condition score evaluation, and weight estimation[J]. Computers and Electronics in Agriculture, 185:106143.